Kerstin Ruhsam

Aromatherapie für Hunde

Kerstin Ruhsam

Aromatherapie für Hunde

Duftende Hundepflege mit naturreinen Ölen

3. Auflage

Oertel+Spörer

Abbildungsnachweis:
Titelbild: Kerstin Ruhsam

Innenteilbilder: Alterfalter (Fotolia) S. 81; Lisa Breckner S. 2, 10, 25, 28, 34, 37, 42, 43, 44, 101; Florin Capilnean (Fotolia) S. 93; coulanges (Fotolia) S. 86; Clipdealer S. 13, 18, 30, 46, 54, 66, 117; O. Diez (Arco Images) S. 92; Wolfgang Falzeder S. 58, 68, 90, 114; Fearthannin (Pixelio) S. 115; Klaus-Uwe Gerhardt (Pixelio) S. 72, 111; Gitti (Pixelio) S. 120; Petra Gurtner (Fotolia) S. 64; hans (Pixelio) S. 87; Dieter Heinemann (Arco Images) S. 76; HLPhoto (Fotolia) S. 122; Claudia Huldi (Pixelio) S. 96; Kirstin Jungmann (Pixelio) S. 80; Dieter Kaiser (Pixelio) S. 6, 74; Ingrid Karner S. 15; W. Layer (Arco Images) S. 118; Dr. Gabriele Lehari S. 14, 17, 23, 27, 29, 34, 38, 39, 55, 57, 60, 62, 63, 65, 71, 75, 78, 84, 94, 97, 98, 100, 103, 106, 107, 109, 110, 120; Irene Lehmann (Pixelio) S. 91; Michael Maconachie (Arco Images) S. 89; NPL Oriol Alamany (Arco Images) S. 61; William Osborn (Arco Images) S. 69; Petra Pawletko S. 113; Roger Powell (Arco Images) S. 67; Rike (Pixelio) S. 88; romaneau (Fotolia) S. 73; scis65 (Fotolia) S. 77; Moni Sertel (Pixelio) S. 83; Gary K. Smith (Arco Images) S. 79; Solena432 (Fotolia) S. 112; Unclesam (Fotolia) S. 95, 119; Tina Werner S. 70; Angelika Wolter (Pixelio) S. 102. Alle anderen Bilder von der Autorin.

Grafiken: Waldemar Winkler

Bibliografische Information der Deutschen Nationalbibliothek
Die Deutsche Nationalbibliothek verzeichnet diese Publikation in der Deutschen Nationalbibliografie; detaillierte bibliografische Daten sind im Internet über http://dnb.d-nb.de abrufbar.

Postfach 16 42 · 72706 Reutlingen
3. Auflage

DTP und Repro: Petra Pawletko
Druck und Einband: FINIDR, s.r.o., Tschechische Republik
ISBN 978-3-88627-857-2

Inhalt

Vorwort

Liebe Hundefreunde,

In den letzten Jahren sind zahlreiche naturheilkundliche Ansätze erfolgreich vom Menschen auf Tiere übertragen worden. Die Aromatherapie hat sich als Teil der naturwissenschaftlich orientierten Medizin bereits erfolgreich etabliert. Diese duftende Heilmethode findet zunehmend auch bei Hundebesitzern große Beliebtheit und kommt zudem auch bei unseren Vierbeinern gut an.
Die fundierten Grundsätze der Aromatherapie und Aromapflege für den Menschen lassen sich jedoch nicht eins zu eins auf Hunde übertragen, besonders was die Dosierung und die Anwendungsmöglichkeiten betrifft.

Dieses Buch beruht auf meinen persönlichen Erfahrungen als ausgebildete Aromapraktikerin mit Spezialisierung auf Hunde.
Basierend auf den wissenschaftlich gesicherten Erkenntnissen der Aromatherapie habe ich Richtlinien für die Hunde-Aromatherapie entwickelt, die sich in meiner jahrelangen Praxis als Hundetherapeutin und Expertin für Hundepflege bewährt haben.
Mit diesem Buch haben Sie einen praktischen Leitfaden in Händen, der als „Einstieg" in die Aromatherapie für Hunde gedacht ist.
Die vielen Rezeptideen sind bewusst einfach gehalten, damit jeder Hundebesitzer (auch ohne Vorkenntnisse) zu Hause selbst natürliche Hundepflegeprodukte herstellen kann.
Für die Porträts habe ich ätherische Öle, Pflanzenöle und Hydrolate gewählt, die meiner Erfahrung nach für Hunde gut einsetzbar sind. Natürlich gäbe es noch weitere, doch würde die Beschreibung all dieser den Rahmen des Buches sprengen.

Die Autorin mit Priscilla.

Ich widme dieses Buch all den Hunden, die mich Erkenntnisse über die Hunde-Aromatherapie erfahren ließen, aber ganz besonders meiner geliebten Hündin Priscilla!

Kerstin Ruhsam, Mai 2018

Über die Autorin

Kerstin Ruhsam ist seit 2006 selbstständige Hunde-Therapeutin mit eigener Praxis. Ihre Fachgebiete sind Aromatherapie und Physiotherapie. Überdies betreibt sie einen Hundepflegesalon. Sie ist Autorin diverser Fachartikel und betreibt Workshops und Seminare zu den Themen natürliche Hundepflege, Aromatherapie, Bachblüten und Hundemassage. Mehr Informationen zur Autorin und ihrer Arbeit finden Sie auf www.dogwell.at.

Danksagung

An dieser Stelle möchte ich mich bedanken
bei meiner Lektorin Dr. Gabriele Lehari vom Verlag Oertel und Spörer für die gute Zusammenarbeit,
bei Thomas Kollmann, Monika Falzeder, Michaela Swoboda und Otto Ruhsam für die kritische Durchsicht des Manuskriptes und der Unterstützung dieses Buchprojektes,
bei meiner Mentorin Ingrid Karner für ihren selbstlosen und unermüdlichen Einsatz zur Etablierung unseres Berufsbildes
und bei Lisa Breckner und Wolgang Falzeder für ihre Mitwirkung bei der Bebilderung dieses Buches.

Hinweise zur Benutzung dieses Buches

In diesem Buch sind ätherische Öle, Hydrolate und Pflanzenöle porträtiert, die bei fachgerechter Anwendung und Beachtung der angeführten Dosierung und Vorsichtsmaßnahmen gut verträglich für Hunde sind. Gewisse ätherische Öle sollten in bestimmten Situationen oder bei speziellen Beschwerden nicht oder nur äußerst gering dosiert eingesetzt werden. Eine Auflistung findet sich im Anhang. Überdies finden Sie im Anhang auch eine Liste mit ätherischen Ölen, die nicht für die Aromatherapie bei Hunden geeignet sind. Im Zweifel ziehen Sie einen ausgebildeten Aromatherapeuten zurate, am besten einen, der auf Hunde spezialisiert ist.

Achtung!

Dieses Buch thematisiert ausschließlich aromatherapeutische Möglichkeiten bei Hunden. Sollte nicht extra darauf hingewiesen sein, dürfen die genannten Tipps und Rezeptideen nicht bei Katzen oder anderen Tieren angewendet werden.

Ich möchte ausdrücklich betonen, dass die im Buch vorgestellten Ratschläge und Rezeptideen keinesfalls eine tierärztliche Betreuung ersetzen.
Zur praktischen Nutzung dieses Buches finden Sie grafisch oder farblich hervorgehobene besondere Tipps, Sicherheitshinweise, Rezeptideen und Zusatzinformationen zu den jeweiligen Kapiteln.

Einführung

Hunde sind schon seit vielen Jahrtausenden der Menschheitsgeschichte eng mit uns verbunden. Mehr als bei jeder anderen Tierart besteht eine auf Gegenseitigkeit beruhende Partnerschaft. Hunde sind Jagdgefährten, Wächter, Freunde – und manche sind sogar unersetzliche Helfer, wie Blindenführhunde und Behindertenbegleithunde, oder werden selbst zum Therapeuten wie die sogenannten Therapiehunde.

Wenn ein Mensch einen Hund als Familienmitglied aufnimmt, möchte er bestmöglich für dessen Lebensqualität sorgen. Das bedeutet, dass der Hund artgerecht ernährt wird, dass dieser in Freizeitaktivitäten eingebunden wird und rassegerecht gepflegt wird. Natürlich möchte der umsichtige Hundehalter seinem Liebling auch eine gute Versorgung gewähren, wenn der Hund einmal krank ist.

In den letzten Jahrzehnten erfolgte eine Trendwende zu mehr Natur in unserem Leben. Wir achten darauf, uns mit nachhaltig erzeugten Lebensmitteln zu ernähren und verwenden Naturkosmetik, um uns zu pflegen. Der vermehrte Einsatz von naturkonformen Therapiemethoden wie Homöopathie oder Kräuterheilkunde bezeugt dasselbe. Viele Menschen möchten auch ihren Tieren auf natürliche Weise etwas Gutes tun.

Duftende Helfer im Hundehaushalt

Naturerzeugnisse wie ätherische Öle, Hydrolate und fette Pflanzenöle lassen sich gut in den Alltag von Hunden und ihren Haltern integrieren.
Die Möglichkeiten, ätherische Öle psychisch und physisch aufzunehmen, beschränken sich aber keinesfalls nur auf die Raumbeduftung mittels Duftlampe.
Viele aromatherapeutische Produkte haben äußerst haut- und fellpflegende Wirkung. Sie sind wie geschaffen dafür, um in Fellpflegeprodukte wie Shampoos oder Fellsprays beigemischt zu werden. Andere haben einen nachweislichen Effekt auf die Psyche und helfen dabei, Traumen zu verarbeiten oder einfach die Stimmung aufzuhellen. Die vielen weiteren positiven Eigenschaften und Wirkungsweisen werden in den folgenden Kapiteln ausführlich beschrieben.
Die pflegende oder therapeutische Wirkung erklärt sich durch die Inhaltsstoffe in den Heilpflanzen, aus denen ätherische Öle gewonnen wurden. Dass man den Duft dieser Essenzen bewusst riecht, ist nicht entscheidend für den (Heil-)Erfolg. Das ist gerade in der Hunde-Aromatherapie ein entscheidender Faktor. Viel (Duft) hilft in dem Fall nicht viel! Ihr Hund wird es deutlich zeigen, wenn Sie es mit der Dosierung zu gut meinen. Aromatherapie kann nicht alles – aber mehr als man glaubt.

Grundlagen der Aromatherapie

Die Aromatherapie ist ein Teilbereich der „Phytotherapie", der traditionellen Pflanzenheilkunde. Diese wiederum ist als Teil der naturwissenschaftlich orientierten Medizin begründet. Demnach stellt die Aromatherapie eine rational auf Wissenschaft basierende Therapieform dar, die keineswegs alternativer oder esoterischer Natur sein muss. Hauptbestandteile der Aromatherapie sind **„100 % naturreine ätherische Öle"**. Im weiteren Sinne beschäftigt sich die Aromatherapie auch mit **fetten Pflanzenölen** und Pflanzenwässern, sogenannten **Hydrolaten**.
Hydrolate oder Pflanzenwässer sind wasserlösliche Bestandteile von Heilpflanzen, die durch Destillation gewonnen wurden. Die enthaltenen Wirkstoffe sind weitaus weniger konzentriert vorhanden als in ätherischen Ölen. Fette Öle dienen der Pflanze als Energiedepot. Sie werden hauptsächlich aus Samen, Nüssen oder sonstigen Pflanzenteilen durch „Auspressen" gewonnen.
Näheres über ätherische Öle, Hydrolate und Pflanzenöle finden Sie weiter hinten in diesem Kapitel.

Geschichte der Aromatherapie

Die Begeisterung für Duftstoffe ist so alt wie die Menschheit selbst. Vor etwa 5000 Jahren wurden schon rituelle Räucherungen mit duftenden Harzen oder Kräutern durchgeführt. In der Bibel werden Salbungen beschrieben und zahlreiche Anwendungen von ätherischen Ölen wie Weihrauch oder Sandelholz erwähnt. Die Parfümherstellung hat ihre Wurzeln bei den Griechen und Ägyptern. Als Vater der modernen Aromatherapie in der Neuzeit gilt der französische Chemiker René-Maurice Gattefossé. Er entdeckte die wundheilende und keimhemmende Wirkung des Lavendelöls am eigenen Körper. Nach einem Unfall in seinem Chemielabor wurden Teile seiner Hände und Kopfhaut verbrannt. Er behandelte seine Wunden mit reinem Lavendelöl und konnte die enorme Heilkraft selbst erfahren.

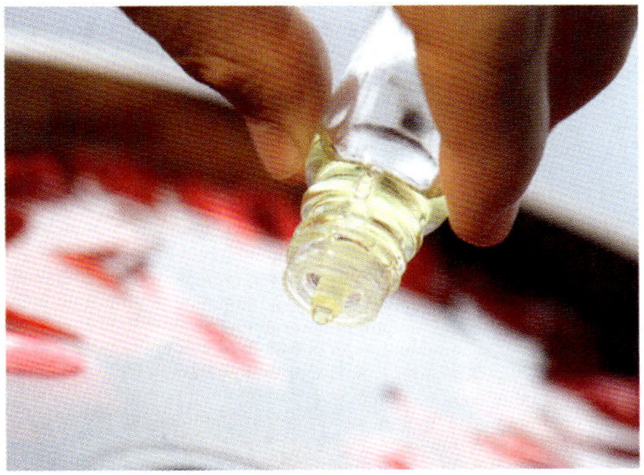

Ein Tropfen mit wertvoller Heilwirkung.

Seine Studien und Erkenntnisse zu weiteren ätherischen Ölen veröffentlichte er 1937 in seinem Buch *„Aromathérapie: les Huiles Essentielles Hormones Végétales"*. Es gilt als Initialzündung der neuzeitlichen medizinisch orientierten Aromatherapie und inspirierte weitere Pioniere wie den Arzt Jean Valnet (1920-1995) oder die chirurgische Assistentin Marguerite Maury (1885-1968), welche wiederum die Aromatherapie weiter etablierten, indem sie durch ihre Studien, Veröffentlichungen und Seminare die Heilwirkung der ätherischen Öle dokumentierten.

Ätherische Öle – duftende Vielstoffgemische

Ätherische Öle sind flüchtige (ätherisch = himmlisch) Bestandteile von therapeutisch wirksamen Pflanzen. Diese Bestandteile haben nachweisliche Wirkungsweisen – je nachdem in welcher Pflanze bzw. in welchem Teil der Pflanze sie sich befinden. Mittels verschiedener Gewinnungsmethoden (wie Destillation oder Extraktion) werden diese duftenden Bestandteile aus dem pflanzengebundenen Zustand gelöst.

Pflanzenteile, in denen ätherische Öle vorkommen:

- Ganze Pflanze/Kraut: Majoran, Melisse, Immortelle
- Blätter (folium): Cajeput, Geranie, Cistrose, Teebaum
- Blüten (flos): Kamille, Lavendel, Rose, Neroli
- Nadeln: Silbertanne, Zirbe, Kiefer

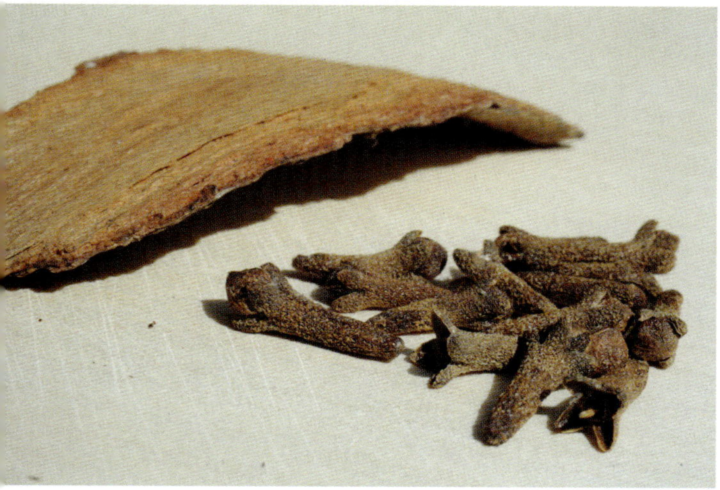

Zimtrinde und Gewürznelken – hier sind die ätherischen Öle noch im pflanzengebundenen Zustand.

- Blütenknospen: Gewürznelkenknospen
- Früchte/Samen: Tonka, Fenchel, Koriander, Karottensamen
- Holz/Zweige: Atlas Zeder, Sandelholz, Rosenholz
- Schoten: Vanille
- Gras: Palmarosa, Zitronella, Lemongrass
- Wurzeln: Vetiver, Angelika, Baldrian
- Rhizome/Knolle: Iris, Ingwer
- Rinde: Zimtrinde
- Harze/Balsame: Benzoe, Weihrauch, Myrrhe
- Fruchtschalen (pericarpium): Zitrusöle

Warum befinden sich ätherische Öle in Pflanzen?
Es gibt mehr als 2000 Pflanzenarten auf der Erde, die als Bestandteil ätherisches Öl aufweisen. Von weitaus weniger Arten werden allerdings diese wertvollen Stoffe gewonnen. Aber warum beinhalten Pflanzen auf der ganzen Welt überhaupt ätherische Öle?
Für die Pflanzen erfüllen diese Substanzen bestimmte Funktionen. Sie schützen die Pflanze vor UV-Strahlung oder vor dem Fraß durch Schädlinge im Sinne einer chemischen Waffe. Als „hauseigene Apotheke" greift die Pflanze darauf zurück, wenn es gilt, Krankheiten abzuwehren. Die Duftstoffe locken natürlich auch viele Nützlinge (wie Schmetterlinge und Bienen) an, um durch die Befruchtung den Fortbestand zu sichern.

Das Ganze ist mehr als die Summe der Teile.
Ätherische Öle sind Vielstoffgemische. Sie können aus bis zu 500 verschiedenen Inhaltsstoffen bestehen. Dadurch ergibt sich eine große Bandbreite vielfältiger Wirkungsweisen, weil die Inhaltsstoffe synergistisch zusammenwirken. Dieser Synergieeffekt sollte auch bei der Anwendung von ätherischen Ölen zusammen mit Hydrolaten und fetten Pflanzenölen nicht außer Acht gelassen

werden. Aromatherapeutische Anwendungen können sowohl auf den Körper einwirken, zum Beispiel entzündungshemmend, als auch auf die Psyche, zum Beispiel antidepressiv.

Eigenschaften von ätherischen Ölen

- Sie sind flüchtig – sie hinterlassen auf einem Papier keinen Fettfleck (Pflanzenöle schon).
- Sie haben verschiedene Farben.
- Sie haben verschiedene Konsistenz von dünnflüssig bis zäh.
- Es sind hochkonzentrierte Stoffe.
- Manche bilden Flocken bei kalten Temperaturen wie z. B. Rosenöl.
- Sie sind lipophil, das heißt fettliebend – sie mischen sich also **nicht** mit Wasser, sondern mit Fett, Öl, Honig, Sahne, Milch, Eigelb, Alkohol, Tensiden (Seife), Zucker, Salz.
- Sie sind licht- und wärmeempfindlich.
- Sie bestehen teilweise aus Hunderten verschiedenen Inhaltsstoffen, welche die Wirkung bestimmen.

Der Chemotyp (Ct.)

Je nach Standort einer Pflanze bilden sich unterschiedliche Inhaltsstoffe im ätherischen Öl. Ausschlaggebend dafür sind Höhenlage, Klima, Boden oder UV-Licht-Einstrahlung.
Mit dem Chemotyp eines ätherischen Öls charakterisiert sich auch die Wirkung. Der Chemotyp ist daher bei der professionellen Arbeit mit ätherischen Ölen von besonderer Bedeutung. Dasselbe ätherische Öl mit unterschiedlichen Chemotypen kann entweder sehr mild sein oder sogar Nebenwirkungen auslösen.

Hier ein Beispiel:
Thymian Ct. Linalool ist ein hautfreundliches, mildes Öl und ist für Kinder und Tiere geeignet.
Thymian Ct. Thymol ist dagegen sehr stark antiinfektiös, aber auch extrem hautreizend und wird nicht für die Tieraromatherapie verwendet!

Chemotyp bedeutet aber nicht dasselbe wie Pflanzenart. *Eucalyptus staigeriana* ist beispielsweise der wissenschaftliche Name einer Eukalyptusart, nicht die Bezeichnung für den Chemotyp, denn dieser wird immer mit einem Ct. im Namen gekennzeichnet.

Viel Pflanzenmaterial ergibt nur wenige Tropfen ätherischen Öls.

Gewinnungsverfahren von ätherischen Ölen

Ätherische Öle können durch unterschiedliche Verfahren gewonnen werden. Sie werden im Folgenden kurz vorgestellt.

Wasserdampfdestillation

Die meisten ätherischen Öle werden durch Wasserdampfdestillation gewonnen. Man erhält dabei zwei unterschiedliche Produkte: **ätherisches Öl** und **Hydrolat**. Das Hydrolat enthält die wasserlöslichen (hydrophilen) Bestandteile der Pflanze, das ätherische Öl die fettlöslichen (lipophilen) Bestandteile.
Durch den Vorgang der Destillation (Hitzeeinwirkung) können bestimmte Inhaltstoffe der Pflanze umgewandelt werden. So entsteht z. B. bei der Destillation von Kamille oder Schafgarbe der blaue Stoff Chamazulen, der für die stark entzündungshemmende und antihistaminische Wirkung verantwortlich ist.

Auch olfaktorische Unterschiede vom Öl zur Pflanze können durch die Destillation entstehen. So riecht z. B. Basilikumöl nicht genauso wie das Basilikumkraut.

Destillationsschema

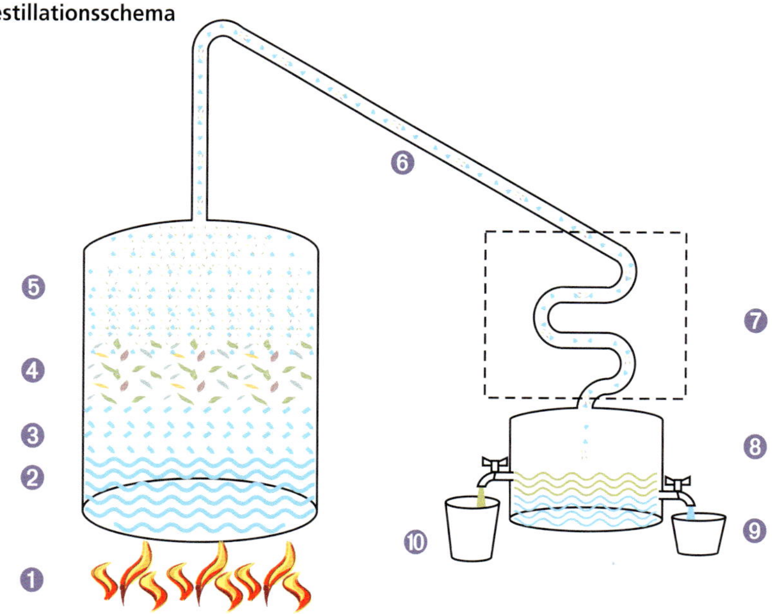

1. Wärmequelle
2. Erhitztes Wasser
3. Wasserdampf steigt auf
4. Pflanzenmaterial
5. Flüchtige ätherische Öle werden vom Wasserdampf mitgerissen
6. Ätherische Öle werden zum Abkühlen geleitet
7. Wasserdampf wird abgekühlt (kondensiert) und
8. in der sogenannten „Florentiner Vase" aufgefangen.
9. Wässrige Phase wird abgetrennt (= Hydrolat)
10. Ätherisches Öl schwimmt obenauf und wird abgefüllt

Aus den Schalen von Zitrusfrüchten werden die ätherischen Öle durch Kaltpressung gewonnen.

Expression

Mit Expression ist die Kaltpressung durch mechanisches Auspressen gemeint.
Dies ist ein Verfahren, das ausschließlich zur Gewinnung von **Zitrus(schalen)ölen** verwendet wird. Dabei werden die Ölbehälter in der Fruchtschale (Pericarpium) zum Platzen gebracht.

Ätherische Öle aus Zitrusfrüchten nennt man auch **Essenzen**, weil das gewonnene Endprodukt, nämlich das ätherische Öl, genau dem entspricht, wie es in der Pflanzenschale vorkommt. Hier hat keine chemische Umwandlung durch die Hitzeeinwirkung stattgefunden wie bei der Wasserdampfdestillation.

Lösungsmittelextraktion

Bei dieser Methode extrahiert man die ätherischen Öle mittels flüchtiger Lösungsmittel wie Hexan oder Ethanol. Der Duft ist feiner, jedoch können sich Lösungsmittelrückstände im gewonnenen Öl befinden.
Diese Gewinnungsmethode eignet sich für hitzeempfindliche Blütenöle, deren Wirkung und Duft bei der Wasserdampfdestillation Schaden nehmen würden, wie z. B. Jasmin oder Tuberose.

Man erhält bei der Lösungsmittelextraktion **„Absolues"** (das sind vor allem Blütenöle) und **„Resinoide"** (Harze, Balsame).

Weitere Gewinnungsmethoden sind die **Enfleurage**, die heute aus Kostengründen nur noch selten angewendet wird, und die **CO_2-Extraktion**, eine der modernsten Methoden.

Qualität und Reinheit von ätherischen Ölen

Seien Sie kritisch beim Kauf von ätherischen Ölen! Die Qualität von Aromatherapie-Produkten schwankt erheblich. Ein niedriger Preis sollte niemals ausschlaggebend für den Kauf sein. Richtlinien für Qualität kann die Etikettierung der Flasche bieten.

Qualität ist das oberste Gebot beim Einkauf von ätherischen Ölen.

Folgende Informationen sollten auf dem Fläschchen vermerkt sein:

- 100 % (naturreines) ätherisches Öl
- Zur Raumbeduftung und als Kosmetikum für die Aromapflege
- Deutsche und botanische Bezeichnung der Herkunftspflanze
- Chemotyp
- Herkunftsregion
- Anbauart (kbA, Demeter, Bio) oder Wildwuchs
- Gewinnungsverfahren
- Verdünnungsgrad, z. B. 10:90 in Jojoba, 10 % in Weingeist
- Haltbarkeit
- Chargennummer
- Füllmenge
- Sicherheitshinweise: nicht unverdünnt anwenden, kindersicher aufbewahren, Haut- und Schleimhautkontakt unverdünnt vermeiden, feuergefährlich, Gefahrenzeichen

Schon gewusst?
„Kontrolliert biologischer Anbau" (kbA) bedeutet: Verzicht auf Pflanzengifte wie Pestizide, Fungizide, Herbizide oder Insektizide.
„Demeter" bedeutet: biodynamischer Anbau mit zusätzlicher Berücksichtigung des Fruchtfolgewechsels, Mondrhythmus, Bodenkultivierung usw.

Beispiele für Qualitätsminderung von ätherischen Ölen

- **Standardisierte ätherische Öle** aus der Apotheke: Diesen ätherischen Ölen werden gemäß dem Arzneimittelbuch gewisse (synthetisch erzeugte) Inhaltsstoffe hinzugefügt oder entzogen. Auf umweltnahe Anbau- und Erzeugungsmethoden wird nicht geachtet.
- **Gestreckte ätherische Öle**: Sie werden entweder mit billigem fettem Öl oder Alkohol gestreckt, um den Preis zu drücken. Auch Vermischungen mit ähnlich riechendem, billigerem Öl gibt es. Ein Beispiel: Rose vermischt mit Geranie oder Palmarosa.
  Das Mischen von sehr teuren Ölen mit Jojobaöl oder Bio-Ethanol ist damit **nicht** gemeint wie z. B. bei Melisse in Jojoba 10:90.
- **Irreführende Deklaration**: Unter dem Begriff *Melissa indicum* ist eigentlich das preiswerte Zitronellaöl gemeint. Die Inhaltsstoffe sind verschieden, der Geruch ist aber ähnlich. Zitronella dient zur Lufterfrischung und Insektenbekämpfung, Melisse ist dagegen ein hoch therapeutisches ätherisches Öl.
- **Qualitätsmindernde Gewinnung von Zitrusölen**: Zur besseren Verwertbarkeit werden die ganzen Zitrusfrüchte gepresst und nicht nur die ätherisches Öl enthaltende Schale. Da Fruchtfleisch schnell vergärt, wird Konservierungsmittel zugesetzt. Bei dieser Gewinnungsmethode kann man davon ausgehen, dass keine schonend angebauten Früchte verwendet wurden und außerdem Rückstände des Konservierungsmittels enthalten sind.

Tipp
Besonders bei Zitrusölen sollte man auf Bio-Öle (kbA, Demeter) achten, da Spritz- und Düngemittel bei der Expression mit ins Öl übergehen können.

- **Synthetisierte Öle**: Hierbei handelt es sich um im Labor nachgebaute ätherische Öle. Diese duften zwar ähnlich, haben aber nicht die heilenden Eigenschaften wie natürlich in der Pflanze entstandene ätherische Öle. Außerdem können synthetisierte Öle Nebenwirkungen wie Allergien, Hautreizungen, Kopfschmerzen, Übelkeit usw. auslösen.
- **Naturidentische Duftöle**: Moleküle, die in der Natur, also in der Pflanze vorkommen, werden im Labor nachgebaut oder „verbessert" (vor allem der Duft).

Achtung!
Es gibt kein ätherisches Öl von Kirschblüte oder Kokosnuss. Diese sind immer künstlich! Niemals für Hunde verwenden – der Geruch ist viel zu intensiv und „scharf" und weist keinerlei therapeutischen Nutzen auf.

Hundeparfüms sind meistens synthetisch hergestellt. Für den Hund stellen sie eine enorme Geruchsbelästigung dar und können Hautprobleme verursachen. Hundeparfüms finden nur Menschen gut. Natürliche Alternativen sind Hydrolate oder hoch verdünnte ätherische Öle (bis 1 %). Dasselbe gilt für künstlich parfümierte Hundeshampoos, Fellspray und sonstige Pflegeprodukte für Hunde.

Haltbarkeit und Lagerung von ätherischen Ölen

Ätherische Öle und Essenzen können durch falsche Lagerung oder Überschreiten der Haltbarkeit eine chemische Veränderung durch Oxidation (Sauerstoff, Lichteinwirkung, Kälte, Wärme) erfahren.
Solche Öle können schlimmstenfalls Hautreizungen verursachen. Deshalb ist das Haltbarkeitsdatum unbedingt zu beachten, vor allem bei Anwendungen auf Haut und Fell. Selbsthergestellte Mischungen und Pflegeprodukte sollten aus diesem Grund innerhalb von etwa zwei Monaten bei kühler Lagerung aufgebraucht sein!
Erwerben Sie zudem im Handel niemals Tester und bereits geöffnete Proben!
Sollte der Duft noch gut sein, kann man abgelaufene ätherische Öle noch zum Beduften der Wäsche, für das Putzwasser, zur Schädlingsabwehr bei Pflanzen oder ähnliche Zwecke verwenden.

Begrenzte Haltbarkeit und richtige Lagerung sollten ernst genommen werden.

Haltbarkeit

- **Teebaumöl**: Geringste Haltbarkeitsdauer; nach dem Öffnen (Sauerstoffzufuhr) innerhalb eines halben Jahres aufbrauchen. Teebaumöl ist frisch eines der hautfreundlichsten ätherischen Öle überhaupt, oxidiertes Öl kann aber Reizungen verursachen!
- **Zitrusöle**: Öle, die aus Mandarine, Zitrone, Bergamotte, Orange, Grapefruit und anderen Zitrusfrüchten gewonnen werden, haben eine Haltbarkeit von etwa einem Jahr, danach sollten sie nicht mehr auf die Haut (wie z. B. durch ein Shampoo) gebracht werden.
- **Nadelöle**: Öle von Nadelgehölzen wie z. B. Silbertanne oder Zirbelkiefer haben eine Haltbarkeit für die Anwendung auf der Haut von etwa eineinhalb Jahren.

- **Eukalyptusartige Öle**: Öle von Cajeput oder verschiedenen Eukalyptusarten sollten nach etwa zwei Jahren richtiger Lagerung aufgebraucht sein.
- Alle **restlichen ätherischen Öle**, hierzu gehören Holzöle wie Atlas Zeder, Resinoide wie Weihrauch, Blütenöle wie Rose, Kräuteröle wie Basilikum, Basisnoten wie Patchouli, haben eine wesentlich längere Haltbarkeit (vier Jahre aufwärts).

Richtig lagern

- Kühl und nicht bei grellem Licht lagern
- Temperaturschwankungen vermeiden.
- Mischungen in dunklen Glasbehältern aufbewahren, denn manche ätherischen Öle wie Nadel- und Zitrusöle können Plastik oder Gummi angreifen und zersetzen.

Hydrolate

Hydrolate nur als „Nebenprodukt der ätherische-Öle-Produktion" zu bezeichnen, wird den wertvollen Wässern keinesfalls gerecht. Die Gewinnung erfolgt wie bei den ätherischen Ölen durch Wasserdampfdestillation.
Die **wasserlöslichen** Bestandteile der Pflanze ergeben nach der Destillation das Hydrolat (genau genommen das Kondenswasser). Ätherische Öle sind dagegen die **fettlöslichen**, flüchtigen Bestandteile der Pflanze. Somit gibt es zu jedem ätherischen Öl, das mittels Wasserdampfdestillation gewonnen wurde, ein entsprechendes Hydrolat. Daneben gibt es auch Hydrolate, deren Ursprungspflanze kein oder wenig ätherisches Öl aufweist und folglich nur zur Hydrolatgewinnung destilliert wurde wie z. B. Hamameliswasser.
„Kohobation" nennt sich die mehrfache Destillation eines Hydrolats. Es wird dadurch noch gehaltvoller.

Die Bedeutung von Hydrolaten in der Aromatherapie ist erst in den letzten Jahren gestiegen. Da man Hydrolat sowie ätherisches Öl in einem Herstellungsvorgang gewinnt, hat man früher das Hydrolat oft weggeschüttet, weil es lediglich als „Bei- oder Nebenprodukt" betrachtet wurde. Heutzutage erhält man eine breite Palette dieser heilkräftigen „Wässer". Umso wichtiger erscheint es mir, auf gewisse Qualitätskriterien hinzuweisen, besonders wenn man Hydrolate in der Hundepflege einsetzt.

Schon gewusst?
Andere Namensdeklarationen sind Pflanzenwasser oder Hydrosol. Blütenwasser, Aromawasser oder Duftwasser sind dagegen keine Begriffe für Hydrolate in eindeutiger Qualität.

Hydrolate gewinnen immer mehr an Bedeutung.

Worauf sollte man beim Kauf achten?

- Abfüllung in einer (dunklen) Sprühflasche
- Kleine Gebinde (100 ml)
- Keine Zusätze wie Alkohol, Emulgatoren oder Konservierungsstoffe
- Eindeutige Deklaration als „Hydrolat", „Pflanzenwasser" oder „Hydrosol"
- Beschriftung am Etikett: Aufbrauchsfrist, Chargennummer, Herkunftsland, verwendeter Pflanzenteil sowie deutscher und botanischer Pflanzenname.

Tipp

Sprühflaschen sind zu bevorzugen, weil man sie nicht öffnen muss und somit kein Sauerstoff in den Behälter eindringen kann.

Lagerung und Haltbarkeit von Hydrolaten

Die folgenden Informationen zu Lagerung und Haltbarkeit gelten für nichtkonservierte Hydrolate.

Lagerung

- Kühl und nicht in grellem Licht
- In dunklen Glasbehältern

Haltbarkeit

- In Sprühflaschen sind Hydrolate etwa sechs Monate haltbar.
- Der Einfluss von Sauerstoff oder Verschmutzung sollte möglichst gering gehalten werden. Generell gilt: Je öfter der Behälter geöffnet wird, desto mehr Sauerstoffzufuhr und desto kürzer die Haltbarkeit.
- Ist die Haltbarkeit überschritten, duftet das Hydrolat zwar nicht mehr besonders, es können aber durch die Benutzung auf der Haut keine Hautreizungen entstehen.

Einsatz der Hydrolate zur Hundepflege

In der Hundepflege ist das Einsatzspektrum von Hydrolaten noch etwas breiter als beim Menschen. Umso wichtiger bewerte ich deren einwandfreie Qualität. Da ein Hydrolat nicht so lange haltbar ist, konservieren es manche Herstellerfirmen mit Alkohol. Dass beigesetzter Alkohol auf Haut und Schleimhäuten „brennt", versteht sich von selbst. Hydrolate mit Alkoholzusatz halten zwar länger, sollten aber (für Tiere) ausschließlich als Raumduft verwendet werden.

Ich habe vor vielen Jahren die Hydrolate als äußerst wertvolle Mittel für die Reinigung und Pflege von Augen, Ohren, Pfoten, Maul, Anal- und Urinalbereich von Hunden entdeckt. Im Gegensatz zu ätherischen Ölen, die ja hochkonzentriert sind, dürfen Hydrolate pur auf die Haut aufgetragen werden.

Achtung!

Ich kann nicht oft genug darauf hinweisen, dass Hydrolat mit alkoholischer Konservierung bei nicht intakter Haut schlimmes Brennen verursachen kann. Bitte achten Sie beim Kauf darauf und lesen Sie auch die Inhaltsstoffliste (INCI) auf der Rückseite des Etiketts!

Anwendungsmöglichkeiten

- Zur Reinigung und Pflege von Augen, Ohren, Pfoten, Maul- und Intimbereich
- Zum Verdünnen von Hundeshampoos und Conditioner anstatt Wasser

Pflanzenöle und -fette eignen sich ideal als Ergänzung zum Futter.

- Als Fellspray mit spezifischer Wirkung
- Als natürliches „Hundeparfüm"
- Zum Anmischen von Bachblüten
- Als Grundlage für Gele (z. B. Hundemassagegel)
- Für Kompressen, Umschläge und Auflagen
- Als Zusatz zum Trinkwasser oder Futter, aber nicht pur!
- Zur Raumbeduftung

Pflanzenöle und Pflanzenfette

Pflanzenöle, gewonnen aus Nüssen, Früchten oder Samen, gelten als unentbehrliche Lieferanten lebenswichtiger Stoffe. Mehrfach ungesättigte Fettsäuren (sogenannte essenzielle Fettsäuren) sind notwendig für den Körper und müssen dem Organismus mit der Nahrung zugeführt

werden. In ihnen sind außerdem Fettbegleitstoffe enthalten, die ebenfalls eine wichtige Rolle für die Gesunderhaltung spielen.
Pflanzenöle eignen sich hervorragend, um unsere Hunde gesund und agil zu erhalten. Als Ergänzung zum Futter machen sie nicht dick. Im Gegenteil: Sie kurbeln den Stoffwechsel noch an. Außerdem sorgen sie für schönes Fellwachstum und widerstandsfähige Haut. Doch das Beste ist: Sie schmecken auch noch gut.

Schon gewusst?
Der Unterschied zwischen Öl und Fett ist lediglich die unterschiedliche Konsistenz, bedingt durch den Schmelzpunkt. Fette sind etwa bis 20 °C fest.

Essenzielle Fettsäuren sind notwendig für den Organismus und können mit dem Futter vermischt werden.

Worauf soll man beim Kauf achten?

Dass Öl nicht gleich Öl ist, merkt man deutlich an der unterschiedlichen Deklaration. Beim Kauf von Pflanzenölen sollte man immer auf die Bezeichnung „Nativ" achten. Sie bedeutet, dass das Pressgut schonend mechanisch ausgepresst wurde, um die hochwertigen essenziellen Inhaltsstoffe nicht zu zerstören. *„Nativ gilt als Synonym für naturbelassen und ursprünglich"* (Sabine Pohl, 2007). Native Pflanzenöle weisen meist eine naturgegebene Trübung auf und verfügen über einen spezifischen Geschmack und Geruch.
Im Gegensatz dazu werden „raffinierte" Öle mehrfachen Bearbeitungsprozessen unterzogen, um die Öle möglichst lange haltbar und hoch erhitzbar zu machen. Sämtliche für die Gesundheit nicht zu unterschätzenden Fettbegleitstoffe werden entfernt. Solche Öle enthalten keinerlei wertvolle Inhaltsstoffe mehr.
Bezeichnungen wie Demeter (= biodynamischer Anbau) oder kbA (= kontrolliert biologischer Anbau) beziehen sich auf die Anbauweise der Pflanzen. Diese Öle sind in jedem Fall vorzuziehen, denn je hochwertiger der Ausgangsstoff (Pressgut) ist, desto ausgezeichneter ist das Öl.

Pflanzenöle zur Haut- und Fellpflege

Als unbestritten erwiesen ist die Anwendung von Pflanzenölen für die Haut- und Haarpflege, weshalb auch immer öfter Hundepflegeprodukte mit Pflanzenölen angereichert werden. *„Mehrfach ungesättigte Fettsäuren tragen wesentlich zur Aufrechterhaltung eines gesunden Hautstoffwechsels und der Hautbarrierefunktion bei"* (Martin Bucksch, 2010).
Im Prinzip kann man sich die pflegende Wirkung von Ölen in jedem Hundepflegeprodukt nutzbar machen. Zu beachten ist jedoch, dass das Öl zwar in die Haut einzieht, aber einen Fettfilm auf dem Fell hinterlässt. In Hunde-

shampoos wird das „Fettende" (aber nicht die Wirkstoffe) durch das Waschtensid wieder ausgewaschen, sodass das Fell des Hundes nach dem Waschen nicht „speckig" ist. Fellkuren mit Pflanzenölen können nach der Einwirkzeit mit Hundeshampoo ausgespült werden.
Von dem Gebrauch von Pflanzenölen in Fellsprays und Ähnlichem ist abzuraten, soll der Hund nicht überall eine Fettspur hinterlassen. Dafür sind Hydrolate besser geeignet.

Schon gewusst?

Mineralöle bilden die Basis vieler Kosmetikprodukte, auch für Hundepflegeprodukte. Gewonnen werden Mineralöle (auch: Paraffine) aus Erdöl oder Kohle. Sie haben den Vorteil, dass sie preiswert und unendlich lange haltbar sind. Solche Öle werden jedoch von der Haut nicht aufgenommen, sondern liegen wie eine Schicht auf der Haut. Die natürliche Hautfunktion wird damit beeinträchtigt, sodass über längere Zeit angewendet die Haut eine Abwehrschwäche entwickelt.

Pflanzenöle können vielseitig für die Haut- und Fellpflege verwendet werden.

Pflanzenöle als Heilmittel

Die heilkräftige Wirkungsweise vieler Pflanzenöle begründen sie als unentbehrlichen Bestandteil in der natürlichen Hausapotheke. Pflanzenöle und Fette können wundheilend (Sheabutter, Olivenöl, Kokosöl), schmerzlindernd (Arnikamazerat, Johanniskrautöl), juckreizstillend und antihistaminisch (Schwarzkümmelöl, Klettenwurzelöl), hormonell ausgleichend (Nachtkerzenöl) und vieles mehr sein.
So kann der umsichtige Hundehalter bei Bandscheibenproblemen seinem Liebling mit Arnika- oder Johannis-

krautöl-Einreibung etwas Gutes tun oder Liegeschwielen und wunde Pfoten mittels einer selbst gerührten Creme auf Basis von Shea- und Kakaobutter pflegen.
Zum Futter hinzugefügt kann man beispielsweise Atemwegserkrankungen lindern (Schwarzkümmelöl) oder hormonelle Probleme (Nachtkerzenöl) ausgleichen.

Gewinnungsmethoden

Auch bei der Gewinnung von Pflanzenölen gibt es verschiedene Methoden.

Mechanische Pressung

Das gereinigte Pressgut wird dabei mittels einer Schneckenpresse ausgepresst, gefiltert und abgefüllt. Die Ölsaaten erfahren durch die Reibung eine schonende Erhitzung. Diese Öle werden als „kalt gepresst" bezeichnet, weil sie ohne externe Zufuhr von Wärme gewonnen wurden. Der Presskuchen wird von manchen Ölmühlen als hochwertiger Zusatz für Tierfutter bereitgestellt.

Eine schmackhafte und gesunde Futterbeigabe sind Presskuchen-Pellets.

Tipp
Presskuchen in Pelletform lassen sich in Wasser aufgequollen gut unters Hunde- und Katzenfutter mischen.

Extraktion mit anschließender Raffination

Bei dieser Methode handelt es sich um die industrielle Herstellung. Das Pressgut wird hoch erhitzt (auf etwa 120 °C), damit die Ölzellen aufplatzen und das Öl heraustritt. Das Öl und die Ölreste im Presskuchen werden mittels Lösungsmittel herausgelöst. Danach muss Letzteres wieder entfernt werden, wobei Reste davon im Pflanzenöl zurückbleiben können. Was man erhält, ist das Rohöl, das in dieser Form nicht für den Verzehr geeignet ist. Es bedarf noch einer Menge aufwendiger Prozesse, um ein abfüllbereites Pflanzenöl zu erhalten.
Die unter dem Überbegriff Raffination erforderlichen Schritte umfassen folgende: Entschleimung, Entsäuerung, Bleichung, Desodorierung – danach erhält man ein lange haltbares, geschmackloses und geruchloses Pflanzenöl, dass sich beim Kochen hoch erhitzen lässt.
Raffinierte, extrahierte Pflanzenöle werden aus guten Gründen **nicht** in der Naturheilkunde und Aromatherapie verwendet!

Achtung!
Bei der Herstellung industriell gewonnener Speiseöle werden so hohe Temperaturen erzielt, dass sich gesundheitsschädliche Trans-Fettsäuren (bekannt als Transfette) bilden.

Die richtige Wahl

Wenn ein Speiseöl als nativ deklariert ist, heißt das nicht automatisch, dass es aus kontrolliert biologischem Anbau stammt. Ein Bio-Öl könnte genauso gut industriell gewonnen worden sein. Begriffe wie raffiniert bzw. nativ oder kalt gepresst beziehen sich auf die Weise der **Ölgewinnung**, Bio oder Demeter auf die Methode des landwirtschaftlichen **Anbaues**. Sollten Sie die beste Qualität für sich und ihren vierbeinigen Liebling kaufen wollen, empfiehlt es sich auf die Worte „Nativ" **und** „Bio" auf dem Etikett zu achten.

Haltbarkeit und Lagerung von Pflanzenölen

Die Haltbarkeit von Pflanzenölen variiert je nach dem Sättigungsgrad der Fettsäuren.
Öle bzw. Fette mit einem hohen Anteil gesättigter Fettsäuren (z. B. Kokosöl) halten sehr lange (bis zu zwei Jahre). Mehrfach ungesättigte Fettsäuren (z. B. Nachtkerzenöl) meist nur etwa zwei Monate. Das gilt im Übrigen für die meisten **Wirkstofföle**. Die Haltbarkeit verlängert sich jedoch, wenn man diese mit gut haltbaren Trägerölen mischt wie z. B. Jojobaöl.
Bei **Mazeraten** (Ölauszug) richtet man sich nach dem Basisöl, das für den Auszug verwendet wurde. Generell werden hier aber lang haltbare Öle verwendet wie z. B. Olivenöl für Johanniskrautmazerat.
Ranzig werden Pflanzenöle dann, wenn sie eine Verbindung mit Sauerstoff eingehen (Oxidation). Deshalb sollten Pflanzenöle nach der Öffnung (das heißt Sauerstoff gelangt in den Behälter) rasch aufgebraucht werden.

Einige Wirkstofföle sind in Gelatinekapseln erhältlich, die bei Gebrauch einfach aufgestochen werden – somit umgeht man eine allfällige Oxidation.

Pflanzenöle unterstützen einen gesunden Fellwuchs.

Lagerung

- Kühl und nicht zu hell, auch im Kühlschrank möglich
- In dunklen Glasbehältern

Ranzig gewordene Pflanzenöle wirken grundsätzlich nicht hautreizend, sind aber für die Hautpflege und den Verzehr nicht mehr geeignet.

the
zazu

Anwendung der Aromatherapie bei Hunden

Bevor später in den Porträts die verschiedenen ätherischen Öle, Hydrolate und Pflanzenöle im Einzelnen vorgestellt und deren Anwendung näher beschrieben werden, erfahren Sie in diesem Kapitel, wie die Aromatherapie bei Hunden richtig angewendet wird, wie die ätherischen Öle bei unseren Vierbeinern wirken und was dabei genau beachtet werden muss.

Auswahl der ätherischen Öle

Grundsätzlich vertrete ich die Meinung, dass der Mensch (Hundebesitzer, Therapeut oder Arzt) die geeigneten ätherischen Öle und die Art der Anwendung für den betroffenen Hund auswählen sollte.
Unseren Hunden zuzugestehen, dass sie rein instinktiv das richtige Öl mit den passenden Wirkstoffen auswählen, halte ich für übertrieben, jedoch nicht für ausgeschlossen. Die Methode mancher Tier-Aromatherapeuten, dem Hund das offene Fläschchen hinzuhalten und eine ablehnende oder annehmende Reaktion abzuwarten, finde ich wenig professionell. Meiner Erfahrung nach lehnt ein Hund jedes pure ätherische Öl direkt aus dem Fläschchen ab, weil es ihm viel zu stechend in der Nase anmutet. Anders ist es mit bereits in der richtigen Verdünnung angemischten ätherischen Ölen. Der Geruch ist wesentlich milder und wird dann auch von Vierbeinern als angenehm empfunden.
Meine Hündin urteilt beispielsweise sehr rigoros darüber, welchen Duft sie mag und welchen nicht. Mit puren ätherischen Ölen bräuchte ich gar nicht in ihre Nähe zu kommen. Mische ich diese aber mit Pflanzenöl und reibe mir damit meine Hände ein, kann sie es kaum erwarten, mir die Hände abzuschlecken – das lasse ich natürlich nur bei bestimmten oral gut verträglichen und hoch verdünnten (unter 1 %) Ölen zu.
Sollte der Hund die vom Menschen ausgewählten Öle oder die Anwendungsart jedoch verweigern, so ist ihm diese Ablehnung zuzugestehen.

In milder Dosierung nehmen Hunde ätherische Öle gern an.

Aufnahmewege

Bevor man mit der Aromatherapie beginnt, stellt sich natürlich die Frage: Wie gelangen ätherische Öle eigentlich in den Körper?

Hunde verfügen über einen beeindruckenden Geruchssinn.

Ätherische Öle können durch die Nase (nasal), die Haut oder Schleimhäute (perkutan) oder den Mund (oral) vom Organismus aufgenommen werden. Manche Anwendungsmethoden umfassen gleichzeitig zwei Aufnahmewege. So werden bei der Inhalation die Öle beispielsweise über die Nase und die Schleimhäute der Atemorgane aufgenommen.
Für die Aromatherapie beim Hund sind zwei Aufnahmewege wesentlich: Haut und Nase.

Achtung!
Von der oralen Verabreichung purer ätherischer Öle rate ich dringend ab. Dem Tier könnten irreparable Verletzungen in Mundhöhle und Rachen zugefügt werden. Greifen Sie stattdessen besser zu Hydrolaten oder fetten Pflanzenölen!

Aufnahme über die Nase des Hundes

Durch meine eigene Hündin und die vielen Hunde, denen ich beruflich tagtäglich begegne, habe ich erst erkannt, dass man dem viel zitierten Ausspruch „Weniger ist mehr" in der Aromatherapie gerade bei Hunden ernsthafte Beachtung schenken sollte. Mit den ersten „gut dosierten" weil „gut gemeinten" Mischungen konnte ich bei meinen vierbeinigen Freunden gar nicht punkten. Nach und nach begann ich, das tierische Feedback als Erkenntnis dankbar anzunehmen.

Die Einsatzmöglichkeiten der hundegerechten nasalen Anwendung sind vielfältig:
Trockeninhalation, Feuchtinhalation, Raumbeduftung (Raumspray, Duftlampe, Vernebler) usw.

Geruchssinn des Hundes

Hier sind ein paar Fakten zum wichtigsten Sinn unserer Hunde aufgeführt. Es sind nur einige Beispiele.

- Hunde sind fähig, Menschen unter Schnee oder Schutt zu erschnuppern.
- Hunde erkennen die Fortpflanzungsbereitschaft am Geruch einer Hündin über mehrere hundert Meter, manchmal auch aus noch weiterer Entfernung.
- Hunde können einer Fährte folgen, auch wenn diese schon ein paar Tage alt ist.
- Hunde sind dazu fähig, verschiedene Krebsarten zu erriechen.

Diese Tatsachen sollte man verinnerlichen, wenn man mit stark riechenden Substanzen wie ätherischen Ölen an Hunde herangeht. Das Riechorgan von Hunden funktioniert sehr viel sensibler, als wir Menschen es uns vorstellen können.

Liegt ein Geruchsstoff in niedrigster Konzentration jenseits der menschlichen Geruchswahrnehmung vor, kann der Hund ihn noch wahrnehmen.

Man bezeichnet den Hund als Makrosmaten, weil er über ein weitaus größeres Riechhirn verfügt als der Mensch (Mikrosmat).

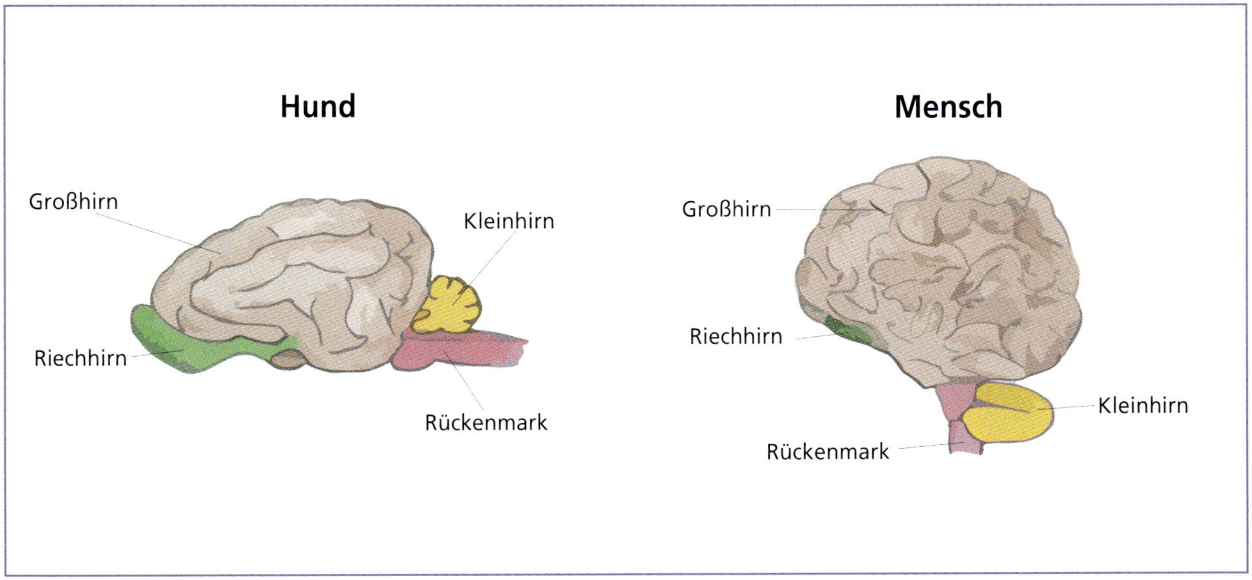

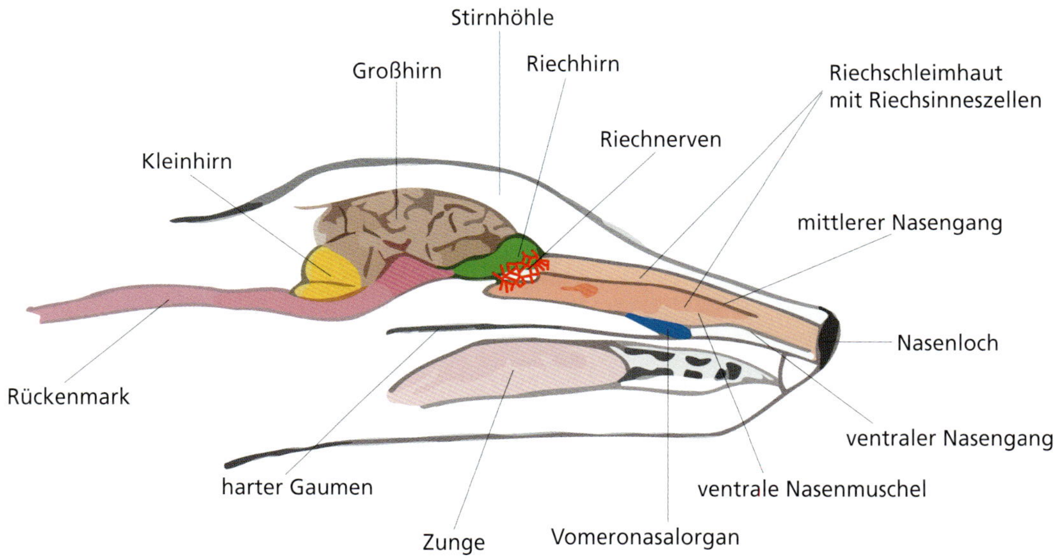

Das eigentliche Riechen findet in der Riechschleimhaut der Nasenhöhle an den Riechzellen statt. Die Riechzellen sind Nervenzellen, welche die Duftmoleküle in das Riechhirn leiten. Mittels eines Schlüssel-Schloss-Prinzips docken die Duftmoleküle an einen bestimmten Geruchsrezeptor an, der einen elektrischen Impuls im Gehirn bewirkt. Die „Duftinformation" wird nun im Gehirn kategorisiert und verarbeitet.

Weiter gelangen die Duftstoffe dann ins limbische System des Gehirns. Dort nehmen Gerüche Einfluss auf die Gefühlswelt, das Nerven- und Hormonsystem und viele weitere Körperfunktionen.
Der Duftreiz muss dabei nicht bewusst wahrgenommen, also gerochen, werden!

Phänomen Pheromone

Ein weiteres Organ ermöglicht sowohl beim Menschen als auch beim Hund die Aufnahme von Geruchsstoffen: das Vomeronasalorgan, nach seinem Entdecker auch Jacobson'sches Organ genannt. Es ermöglicht das Wahrnehmen von Pheromonen. Das sind artspezifische Signalstoffe, die nur innerhalb einer Art typische Reaktionen auslösen. Hierzu zählen Sexuallockstoffe, Markierungsstoffe und Alarmsubstanzen. Dieses hinter dem Gaumen liegende Organ entwickelt sich schon in der Embryonalphase. Pheromone werden nicht nur von Tieren, sondern auch von uns Menschen und von Pflanzen abgegeben und

Die hervorragende Nase ist für Hunde das wichtigste Sinnesorgan.

Eine stark behaarte Haut nimmt lipophile Stoffe gut auf.

aufgenommen. Sie wirken meist unter der Wahrnehmungsgrenze. Bestes Beispiel für diese „Duftsprache" ist das „Zeitunglesen" unserer Hunde, wenn sie beim Gassi-Gehen ganz vertieft mit der Nase am Boden herumschnüffeln. Sie erfahren dadurch, welche Hündin paarungsbereit ist, wo andere Hunde ihr Revier haben, ob der Nachbarshund krank ist oder Angst hatte. Durch das sogenannte „Flehmen" erkennt man beim Hund die aktive Funktion des Vomeronasalorgans. Durch vermehrtes Speicheln und Lecken, oft in Verbindung mit einer Art Schnattern, werden die Duftmoleküle an die Riechzellen herangeführt.
Forschungen haben sogar ergeben, dass ein Tier, dem man das Vomeronasalorgan operativ entfernte, keinen Sexualtrieb mehr hatte, weil es keine Sexuallockstoffe mehr wahrnehmen konnte.

Aufnahme über Haut und Fell

Haut und Schleimhäute resorbieren ätherische Öle aufgrund ihres fettlöslichen (lipophilen) Charakters besonders gut. Die Wirkstoffe der ätherischen Öle gehen über die Haut in den Blutkreislauf und können folglich im ganzen Organismus ihre Wirkung entfalten.
Beim Menschen erfolgt die perkutane Resorption (Aufnahme über die Haut) so schnell, dass der Wirkstoff bereits nach wenigen Minuten im Blut und nach etwa einer Stunde in der Atemluft nachweisbar ist.
Die Annahme, dass Substanzen wie ätherische Öle, die man auf das Fell des Hundes aufträgt, nicht bis zur Haut durchdringen können, widerlegt sich durch die Tatsache, dass das Fell als Hautanhangsgebilde jedweden Stoff in die Haut transportiert. Stark behaarte Haut wie das Hundefell resorbiert zwar indirekt, aber dennoch gut.

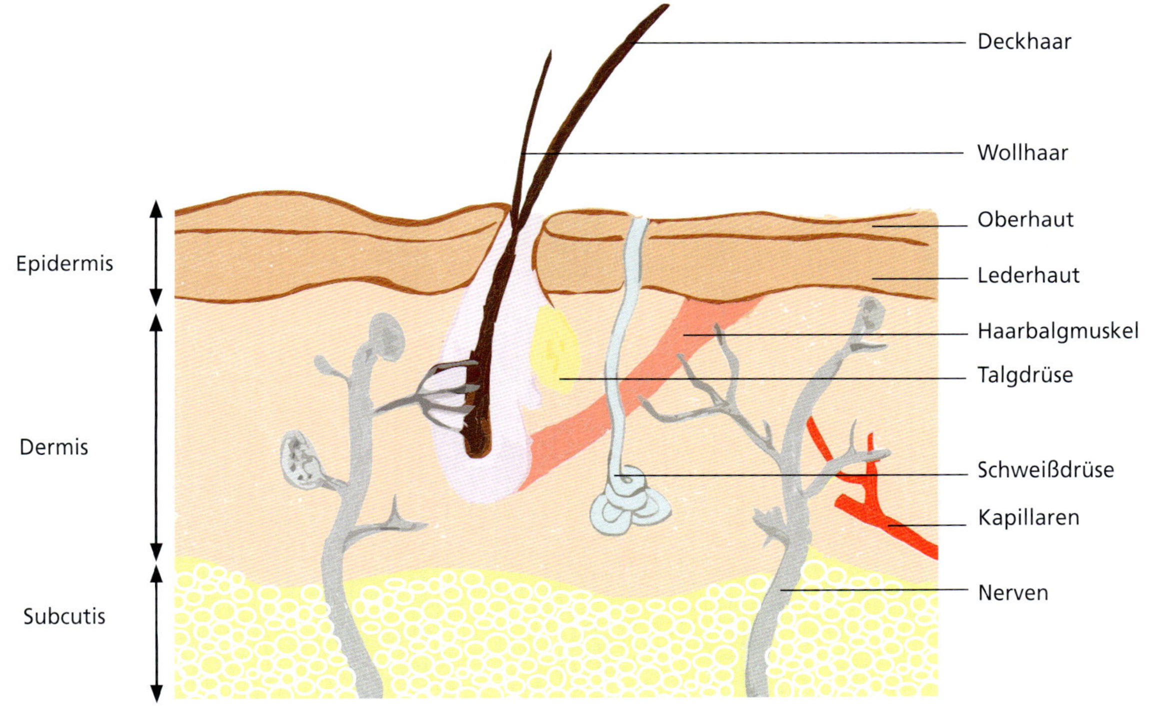

Folgende Einsatzmöglichkeiten bieten sich für perkutane Anwendungen an: Massage, Einstreichelung (Einreibung), Fellpflege (Fellsprays, Kuren, Conditioner, Bäder), Kompressen, Umschläge, Wickel, Cremes und Salben.

Die Haut des Hundes stellt dessen größtes Organ dar und verfügt im Wesentlichen über die Funktion des Schutzes und der Barriere gegen Einflüsse von außen wie UV-Strahlung, Verletzungen usw. Weitere Funktionen sind Wasser- und Fettspeicherung, Wärmeregulation und Berührungswahrnehmung.
In der Oberhaut (Epidermis) eingebettet sind die Hautanhangsgebilde wie Fell, Krallen, Talg- und Schweißdrüsen. Eine gesunde Epidermis erneuert sich alle vier Wochen. Darunter liegend befinden sich die Unterhaut (Lederhaut oder Dermis), welche die Oberhaut nährt, und das Unterhautfettgewebe (Subcutis), das zur Thermoregulation dient.

Verdünnung von ätherischen Ölen

Bei der Dosierung von reinen ätherischen Ölen gilt für Hunde mehr denn je die Grundregel – bis auf einzelne Ausnahmen – niemals unverdünnte, pure Öle zu verwenden. Das Risiko einer Hautreizung oder anderer körperlichen Schädigung ist selbst beim erwachsenen Menschen vorhanden. Kinder, beeinträchtigte Personen oder Tiere sind noch um einiges empfindlicher.
Bei Hunden kommt zusätzlich noch die starke olfaktorische Komponente hinzu, bedingt durch ihren ausgeprägten Geruchsinn. Für Ihren Hund kann eine zu hohe Dosierung äußerst unangenehm sein.
Halten Sie sich bitte im Sinne Ihres geliebten Vierbeiners an den viel zitierten Grundsatz „Weniger ist mehr".
Die gängigen Verdünnungsgrade für Aromatherapie beim Menschen 0,5 % bis 5 % lassen sich nicht 1:1 auf Hunde übertragen.
Ich habe selbst zu Beginn meiner aromatherapeutischen Laufbahn mit Hunden enttäuschende Erfahrungen hinnehmen müssen, weil ich es mit der Dosierung zu gut gemeint habe. Duftete eine Mischung für meine dufthungrige Menschennase genau richtig, war es für den Hund schon zu viel. Ein Hund, der beim Öffnen des Fläschchens schon das Weite sucht, wird die aromatherapeutische Behandlung nicht genießen können. Meiner Erfahrung nach akzeptiert der Hund den Duft in einer Verdünnung, die für den Menschen fast schon ein bisschen zu wenig riecht, denn die Wirkung ist ja selbst bei subtiler Geruchswahrnehmung vollends gegeben.

In der nachstehenden Tabelle kann man die jeweilige Tropfenanzahl an ätherischem Öl, je nach Menge der Basis, herauslesen. Als Basis sind gemeint Gel, fettes Pflanzenöl, Hydrolat, Shampoo, Conditioner, Aloe-Vera-Gel und vieles mehr.

Verdünnung in %	Basis in ml	Menge in ml	Menge in Tropfen
0,1	100	0,1	2
0,2	100	0,2	4
0,3	100	0,3	6
0,4	100	0,4	8
0,5	10	0,05	1
0,5	100	0,5	10
1	10	0,1	2
1	100	1	20
1,5	10	0,15	3
1,5	100	1,5	30

20 bis 25 Tropfen entsprechen etwa 1 ml.

Kontraindikationen und besondere Vorsichtsmaßnahmen

Grundsätzlich sind Anwendungen mit ätherischen Ölen von positiver Wirkungsweise auf den Organismus und die Psyche. Verwendet man die ätherischen Öle gemäß den angeführten Grundsätzen und nach den beschriebenen Verdünnungsrichtlinien, sind keine negativen Reaktionen zu befürchten.
Dennoch ist Behutsamkeit geboten bei Welpen (etwa im Alter bis zu sechs Monaten), trächtigen und säugenden Hündinnen sowie alten oder kranken Hunden. Hier dürfen ätherische Öle nur eingeschränkt und in hoher Verdünnung (< 0,5 %) angewendet werden!
Möchten Sie solch einem Hund eine aromatherapeutische Behandlung gönnen, besprechen Sie dies bitte vorher mit dem Tierarzt Ihres Vertrauens oder einem erfahrenen

Bei säugenden Hündinnen und Welpen muss die Aromatherapie besonders behutsam erfolgen.

Aromatherapeuten mit Spezialisierung auf Tiere. Auch sollten gewisse ätherische Öle bei bestimmten Erkrankungen oder Einschränkungen (z. B. bei Glaukom) vermieden werden. Eine entsprechende Auflistung finden Sie im Anhang.

Zur Welpenpflege verwenden Sie besser Hydrolate und Pflanzenöle. Nur gewisse ätherische Öle (z. B. Rose, Neroli, Lavendel) können stark verdünnt (etwa 5 Tropfen auf 100 ml Basis) für die Aromatherapie bei Welpen eingesetzt werden.

Mit „milden“ ätherischen Ölen wie Rose oder Lavendel bzw. mit Hydrolaten kann man seinem Liebling vom Welpen- bis zum Seniorenalter liebevolle Zuwendung schenken und gegebenenfalls heilende Wirkung erzielen.

Achtung!
Ätherische Öle sind hochkonzentrierte Substanzen, deren Inhaltsstoffe starke Reaktionen auslösen können und eventuell sogar Nebenwirkungen verursachen, sollte die Anwendung nicht fachgerecht erfolgen.

Exkurs: Fotosensibilisierung

Mit Fotosensibilisierung ist eine erhöhte Lichtempfindlichkeit der Haut gemeint. Manche ätherischen Öle verfügen über bestimmte Inhaltsstoffe, die den Schutzmechanismus gegen ultraviolette Strahlen beeinträchtigen (Furanocumarine, auch Furocumarine genannt).

Auch bei alten Hunden sollte die Aromatherapie „sanft" erfolgen.

Man kann sich diese erhöhte Lichtempfindlichkeit der Haut bildhaft so vorstellen, als wenn die Haut naturgegeben über viele kleine Sonnenschirmchen verfügt, die sich unter der Einwirkung von Furocumarinen nicht mehr öffnen lassen. Die UV-Strahlung kann somit ungehindert auf die Haut treffen und Reizungen verursachen.

Die hochdosierte Verwendung furocumarinhaltiger ätherischer Öle in Shampoos, Conditioner, Fellsprays oder Massagegelen sollte deshalb im Sommer vermieden werden. Bleibt man mit dem Verdünnungsgrad unter 0,5 % sollte generell keine fotosensibilisierende Hautreizung zu erwarten sein. Alle nicht-perkutanen Anwendungsarten wie die Raumbeduftung haben keinerlei fotosensibilisierende Auswirkung.

Man sollte besonders aufpassen bei Hunden, deren Fell im Hochsommer sehr kurz geschoren wurde, oder bei weißhaarigen Hunden (wie z. B. Malteser, West Highland Terrier, Coton de Tulear) mit kurzer Schur sowie bei Nackthunden oder jenen mit schütterem Fellwuchs.

In folgenden ätherischen Ölen kommen Furocumarine in erhöhtem Maße vor: Angelikawurzel, Bergamotte, Limette, Orange, Zitrone, Grapefruit, Kreuzkümmel, Raute, Tagetes, außerdem in geringen Mengen in allen Zitrusölen. Dasselbe gilt für Johanniskrautmazerat (Inhaltsstoff Hypericin).

Bei Beachtung der Vorsichtsmaßnahmen darf man aber auf keinen Fall die herausragenden positiven Eigenschaften von furocumarinhaltigen ätherischen Ölen vergessen, nämlich die stark antidepressive, angstlösende und entkrampfende Wirkung sowie der extrem stimmungsaufhellende Effekt.

Grundsätzliches zur fachgerechten Anwendung im Überblick

- Verwenden Sie ausschließlich 100 % naturreine ätherische Öle von namhaften Firmen (siehe Anhang).
- Verwenden Sie keine puren ätherischen Öle beim Hund.
- Richten Sie sich nach den gängigen Verdünnungsgraden.
- Bei Welpen gelten besondere Vorsichtsmaßnahmen, ebenso bei trächtigen oder säugenden Hündinnen.
- Beachten Sie das Haltbarkeitsdatum und die richtige Lagerung.
- Behandeln Sie den Schnauzenbereich nicht mit ätherischen Ölen.
- Überprüfen Sie, ob generelle Kontraindikationen vorliegen.
- Seien Sie vorsichtig mit fototoxischen Ölen bei direktem Sonneneinfluss.
- Verabreichen Sie niemals Hunden ätherische Öle unverdünnt oral.
- Bewahren Sie ätherische Öle für Kinder unerreichbar auf.
- Wenden Sie ätherische Öle nicht ohne den Rat eines erfahrenen Tier-Aromatherapeuten bei Katzen an.
- Beachten Sie die spezifischen Vorsichtsmaßnahmen bei jedem einzelnen ätherischen Öl.

Besonders bei weißen Hunden kann eine erhöhte Lichtempfindlichkeit durch bestimmte ätherische Öle auftreten, wenn sie geschoren werden.

Achtung!

Sollte ätherisches Öl in die Augen gelangen, sofort mit Wasser ausspülen. Alternativ kann reines Rosenhydrolat zum Auswischen verwendet werden. Zur Sicherheit suchen Sie auch einen Tierarzt auf.
Wenn ätherische Öle unabsichtlich verschluckt werden (was sehr unwahrscheinlich ist), gehen Sie sofort zum Tierarzt!

Dufter Hund

Die verschiedenen Anwendungsmöglichkeiten

Aromatherapeutische Anwendungen lassen sich vielfältig in den Alltag von Hunden und ihren Besitzern integrieren. Nicht jede Anwendungsmöglichkeit für den Menschen eignet sich jedoch auch für unsere vierbeinigen Freunde. Bedingt durch das Fell des Hundes und seinen ausgeprägten Geruchssinn müssen gewisse Formen der Anwendung und vor allem die Dosierung an den Hund angepasst werden.

Anwendung	Dosierung
Aroma-Massage	ca. 0,5 %
Einreibung, Einstreichelung	ca. 0,5 %
Salbe, Gel, Roll-on punktuell (!)	max. 3 %
Kompresse, Wickel, Umschlag	max. 2 Tropfen auf 1 Liter Wasser/Tee
Shampoo, Spülung, Packung, Fellspray, Conditioner	max. 1 %
Trockeninhalation	max. 0,5 %
Feuchtinhalation	max. 2 Tropfen auf 1 Liter Wasser/Tee
Duftlampe, Vernebler	2 bis 5 Tropfen, je nach Raumgröße
Raumspray	max. 3 %, 1 bis 5 Sprühstöße, je nach Raumgröße

Die Verdünnungsgrade sind Richtlinien, die nach oben hin nicht überschritten werden sollten!

Die im Folgenden aufgeführten Möglichkeiten der „aromatischen Hundepflege" wende ich gern an, weil sie sich bewährt haben und von den meisten Hunden dankbar angenommen werden.

Haut-, Fell- und Körperpflege des Hundes

Die regelmäßige Fellpflege stellt eine wichtige Maßnahme dar, um die Haut und das Haarkleid ansehnlich und gesund zu erhalten. Überdies kann man auf diese Weise schneller Parasitenbefall oder Hautprobleme erkennen.

Naturgemäß stellt die Pflege eines langhaarigen Hundes andere Ansprüche an den Besitzer (oder den Hundefriseur) als die eines kurzhaarigen.
Fell ist nicht gleich Fell – so gibt es Drahthaar, Rauhaar oder Kurzhaar, seidiges Fell oder gelocktes Fell, langes Deckhaar und Fell mit viel, wenig oder gar keiner Unterwolle sowie Fell, welches getrimmt werden muss, oder Fell, das eine regelmäßige Schur benötigt.

Je nach Rasse und Fellart unterscheidet sich auch die Wahl des Pflegeproduktes.
Grundsätzlich verfügen fast alle Rassen über zwei verschiedene Haartypen: Das gröbere Leithaar (Primärhaar, Deckhaar) und das weichere Wollhaar (Sekundärhaar, Unterwolle). Beide entsprießen einem Haarfollikel (siehe auch die Grafik auf S. 35).

Die Pflegeansprüche können je nach Felltyp recht unterschiedlich sein.

Natürliche Fellpflege

Wie im Kapitel „Haut des Hundes" bereits erwähnt, zählt das Fell zu den Hautanhangsgebilden und ist deshalb gut aufnahmefähig für diverse Wirkstoffe. Leider gilt das sowohl für pflegende als auch für schädliche Substanzen. Fellpflegeprodukte aus dem Supermarkt oder Zoo-Discounter enthalten zumeist aggressive Waschtenside, Silikon oder synthetische Parfümierung, die Allergien und Hautprobleme verursachen können, weil sie Haut und Fell angreifen anstatt zu pflegen.

Mit natürlicher Fellpflege ist gemeint die Verwendung von Hundeshampoos, die auf Basis von milden Zuckertensiden entstehen, Fellsprays, deren Hauptbestandteil Pflanzenwässer (Hydrolate), ätherische Öle und Kräuterextrakte sind, oder Fellkuren mit essenziellen Pflanzenölen.

Exkurs: Geplagte Hundehaut

Es hat den Anschein, dass Hautprobleme bei Hunden in den letzten Jahrzehnten immer häufiger auftreten. Da die Haut, auch bei Tieren, ein Abbild des Organismus und des seelischen Befindens darstellt, sind Wohlbefinden und Gesundheit oft an der Haut- und Fellbeschaffenheit zu erkennen.

Die Auslöser für Haut- und Fellprobleme sind äußerst vielfältig: ernährungsbedingt, hormonell bedingt, durch Ektoparasiten (Flöhe, Milben usw.) ausgelöst, allergisch bedingt oder psychosomatisch, um nur einige Ursachen zu nennen.

Meines Erachtens verursacht (neben der mangelnden Hygiene durch schlechte Haltungsbedingungen) die übertriebene Pflege mit teilweise nicht tiergerechten Produkten ebenfalls dermatologische Irritationen. Schuppenbildung, Juckreiz oder Hautrötung treten oft als Symptome in Erscheinung, wenn der Säureschutzmantel der Haut durch übermäßigen Einsatz von aggressiven Pflegeprodukten angegriffen wurde. Viele Hundepflegeprodukte riechen stark nach Parfüm – toll für Herrchen und Frauchen, unangenehm bis gefährlich für den Vierbeiner. Synthetische Duftstoffe und Parfümierung sind nicht nur eine Zumutung für den feinen Geruchssinn unserer Hunde, sie sind überdies keinesfalls „hundegerecht".

Seinen vierbeinigen Liebling mit natürlichen und aromatherapeutischen Produkten zu pflegen und gesund zu erhalten, hat nichts mit Vermenschlichung zu tun. Vielmehr kommt man den naturgegebenen Bedürfnissen des Hundes nach und unterstützt ihn in seinem „Hund-Sein". Welcher Hundehalter hat noch nicht erlebt, wie sich sein Liebling voller Wonne in einer aromatischen Kräuterwiese wälzt.

Die Düfte einer frischen Wiese werden sichtlich genossen.

Hundewäsche

Die Mär, dass Hunde nicht gebadet werden sollten, stammt noch aus einer Zeit, in der Billigseife dafür verwendet wurde. Mit naturkonformen Pflegemitteln erweist sich eine Hundewäsche sogar als äußerst haut- und fellpflegend, gerade bei regelmäßiger Anwendung.
Wichtig beim Baden des Hundes ist, das Shampoo wieder vollständig aus dem Fell herauszuspülen. Dasselbe gilt für Conditioner und Fellbalsam, die nicht im Fell bleiben (Rinse off).
Verwendet man Shampoo und Conditioner mit derselben Duft-Mischung nacheinander, verstärken sich die Wirkung und der Duft.
Hundeshampoos sind meistens als Konzentrate erhältlich, die für den Gebrauch noch etwa 1:10 verdünnt werden müssen. Am besten man verwendet dafür ein leeres Shampoofläschchen mit 200 ml Füllmenge (übliche Handelsgröße).
Die Mengenangaben in den Basisrezepten eignen sich in etwa für Hunde in der Größe eines Cocker Spaniels. Für kleinere oder größere Hunde passt man die Menge des Basisrezeptes entsprechend an.

Achtung!
Den Kopfbereich sollte man besser mit Neutralshampoo ohne ätherische Öle waschen!

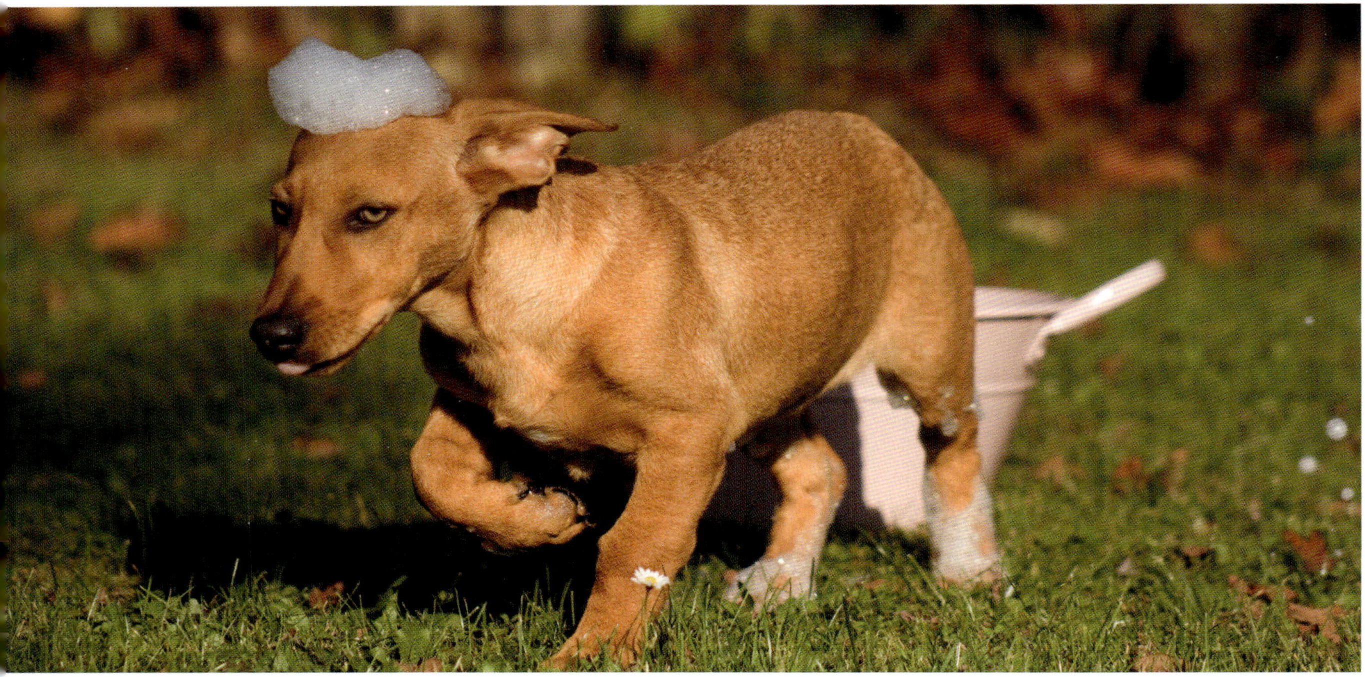

Die Hundewäsche sollte möglichst mit natürlichen Produkten erfolgen.

Folgende Rezeptideen sind für eine Hundewäsche berechnet. Da man Hunde nur alle paar Wochen oder Monate badet, muss das Pflegemittel aus Haltbarkeitsgründen natürlich jedes Mal frisch angemischt werden.

Basisrezept Shampoo (0,5 %)
Etwa 20 ml Hundeshampoo-Konzentrat in ein 200-ml-Fläschchen geben und mit Wasser oder Hydrolat auffüllen. 20 Tropfen ätherische Öle dazugeben, gut durchschütteln – fertig.

Alternativ zum Shampoo:

Basisrezept Wascherde/Ghassoul (0,5 %)
Etwa 100 g Wascherde in ein 200-ml-Fläschchen geben und mit warmem Wasser oder Hydrolat auffüllen.
20 Tropfen ätherische Öle dazugeben, gut durchschütteln – fertig.

Dem Shampoo kann zur Verstärkung oder Ergänzung der gewünschten Wirkung noch eine kleine Menge Pflanzenöl beigemengt werden.

Beim Conditioner (Rinse off) oder der abschließenden Spülung sollte man kein fettes Öl mehr dazugeben.

Basisrezept Conditioner (0,5 %)
Etwa 20 bis 50 ml Hunde-Conditioner in ein 200-ml-Fläschchen geben und mit Wasser oder Hydrolat auffüllen. 20 Tropfen ätherische Öle dazugeben, gut durchschütteln – fertig.

Eine abschließende **Duft-Spülung**, die nicht mehr ausgewaschen werden muss (Leave in), bereite ich wie folgt zu:

Basisrezept Spülung (0,5 %)
½ Teelöffel Conditioner in ein 200-ml-Fläschchen geben und mit warmem Wasser oder Hydrolat auffüllen. 20 Tropfen ätherische Öle dazugeben, gut durchschütteln – fertig.
Gleichmäßig über das Fell gießen, kurz einwirken lassen, danach den Hund abtrocknen.

Eine Spülung kann aber auch einfach mit reinem Hydrolat erfolgen.

Fell- und Hautsprays eignen sich sehr gut zur regelmäßigen Behandlung von Haut- oder Fellproblemen. Auch mit insektifuger oder desodorierender Wirkung können sie sehr praktisch sein. Achten Sie aber bitte darauf, niemals den Kopfbereich des Hundes einzusprühen!
Hydrolate in Sprayfläschchen sind außerdem die dezente Alternative zu synthetischen Hundeparfüms!

Basisrezept Fellspray (0,5 %)
100 ml Hydrolat oder Aloe-Vera-Saft mit 10 Tropfen ätherische Öle vermischen.
Vor jedem Gebrauch schütteln! Die Haltbarkeit im Kühlschrank beträgt etwa zwei Monate.

Ich persönlich verwende Sprays bei Hunden eher selten, da viele Hunde schreckhaft auf das Sprühgeräusch bzw. den Sprühstoß reagieren.
Eine geeignete Alternative ist das **Fellgel**. Fellgel kann mit den Handflächen ins Fell „eingestreichelt" werden und es zieht rückstandslos ein.

Basisrezept Gelbasis (0,5 %)
50 ml Basis-Fellspray (siehe oben) und ¼ Teelöffel Xanthan (oder andere Gelbildner) vermischen, kräftig schütteln oder mit einem Mixer durchmischen. Etwa ein bis zwei Stunden stehen lassen, danach nochmals durchmischen – fertig.
Praktisch ist das Abfüllen in einen Pumpspender.
Die Haltbarkeit im Kühlschrank beträgt etwa zwei Monate.

Ein Gel oder Balsam ist schnell zubereitet.

Fellpackungen wende ich nur bei Hunden an, die auch beim Baden und Waschen keine Angst haben. Der Hund muss dazu nämlich eine Weile in der (Hunde-)Badewanne oder Dusche bleiben.
Basis ist meist grüne Tonerde oder Luvos-Heilerde mit warmem Pflanzenöl oder Hydrolat zu einer Paste vermischt. Die anteilsmäßige Menge an ätherischen Ölen sollte 0,5 % nicht überschreiten, denn ansonsten empfindet es der Hund als Geruchsbelästigung. Ideal ist eine Wärmequelle wie Rotlicht, die zum einen die Aufnahme in die Haut verbessert, zum anderen den (feuchten) Hund warm hält.

Basisrezept Fellpackung (0,5 %)
100 bis 200 g Tonerde oder Heilerde mit warmem Wasser, Hydrolat oder Pflanzenöl und 10 bis 20 Tropfen ätherische Öle zu einer dicken, streichfähigen Paste verrühren. Ins Fell einmassieren, mindestens eine Viertelstunde einwirken lassen und – je nachdem, ob fettes Pflanzenöl beigemengt wurde – mit warmem Wasser oder Hundeshampoo ausspülen.

Hauptindikationen sind Haut- und Fellprobleme wie Schuppen oder glanzloses Fell.
Neemöl ist bei Parasitenbefall in Fellpackungen sehr effektiv, sollte aber aufgrund des starken Geruches mit einem anderen Pflanzenöl verdünnt werden (etwa 10:90).

Vorsichtsmaßnahmen bei „aromatischer Fellpflege"
Die fotosensibilisierende Wirkung von furocumarinhaltigen Ölen (vor allem Zitrusölen) bei sehr kurzhaarigen oder kurz geschorenen und auch weißhaarigen Hunden sollte bedacht werden.
Pfefferminze ist stark kühlend, daher nur im Hochsommer und nur bis max. 0,5 % beimischen.

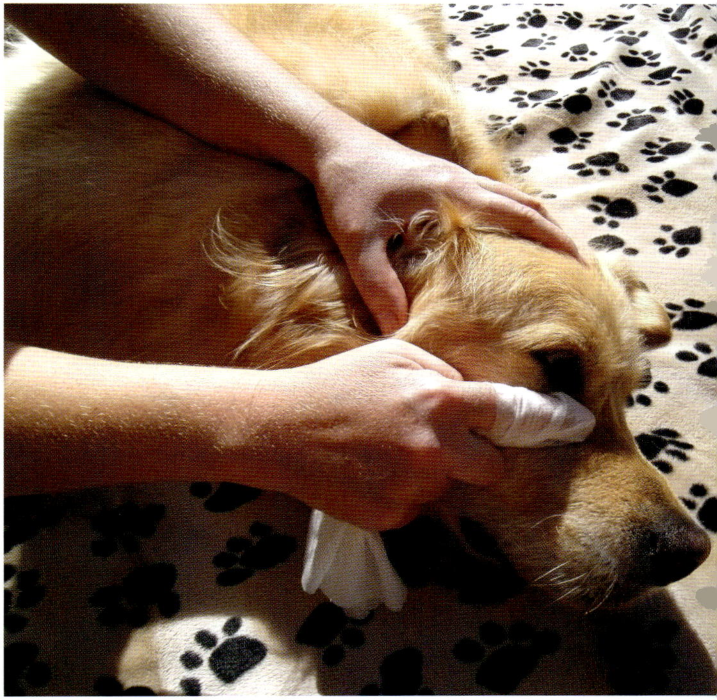
Die Hundeaugen bedürfen auch einer besonderen Pflege.

Augen auf – Ohren auf

Augen und Ohren sollten bei jedem Hund regelmäßig kontrolliert und gegebenenfalls gereinigt und gepflegt werden. Gewisse Hunderassen sind leider besonders anfällig für Augen- und Ohrenprobleme. Sei es der Malteser, dessen übermäßiger Tränenfluss Verkrustungen und Verfärbungen in den Augenwinkeln verursacht, oder der Spaniel, dessen schwere, hängende Ohrlappen Ohrentzündungen oder Parasitenbefall begünstigen, um nur zwei Beispiele zu nennen.

Mit Hydrolaten kann der Hundehalter Augen und Ohren von Schmutz befreien und gleichzeitig pflegen. Leichte Entzündungen können so geheilt werden und auch Parasitenbefall in den Ohren kann man auf diese Weise zu Leibe rücken.

Achtung!
Wichtig ist, beim Kauf von Hydrolaten darauf zu achten, dass kein Alkohol zur Konservierung beigesetzt ist, denn dieser würde in den Augen und auf der Haut des Hundes brennen.

Hoch die Pfoten

Die Pflege der Hundepfoten ist notwendig, nicht nur im Winter. Im Zoohandel gibt es zwar ein umfassendes Angebot an Pfotensprays, -gels und -cremes. Leider bestehen diese aber zu einem Großteil aus Mineralöl (siehe Pflanzenöle auf S. 25), einem Nebenprodukt der Erdölgewinnung. Mineralölprodukte wie auch Vaseline oder Hirschtalg schützen zwar kurzfristig die Pfoten z. B. vor Streusalz, trocknen aber langfristig die Pfotenballen aus, sodass diese spröde werden und sich leicht entzünden. Ein Pfotenbad in Rosenwasser oder ein einfaches Abwischen der Ballen mit einem mit Lavendelhydrolat besprühten Tuch lindert Reizungen und beugt Entzündungen vor.
Danach kann man eine Pflegecreme in die Pfotenballen einmassieren. Besonders effektiv ist der Pfotenschutz, wenn man schon vor dem Spaziergang Balsam aufträgt. Hier ein einfaches Rezept für einen selbst gemachten Pfotenbalsam, der schützt und pflegt:

Basisrezept Pfoten-Balsam (0,5 %)
50 g Sheabutter
30 g Kokosöl
10 g Kakaobutter
10 ml fettes Pflanzenöl (nach Indikation)
eventuell 10 Tropfen ätherische Öle
Die Zutaten bei niedriger Temperatur schmelzen, dann die ätherischen Öle hinzugeben und umrühren. Noch in flüssigem Zustand in Cremetiegel abfüllen. Im Kühlschrank ist der Balsam etwa sechs Monate haltbar.

Ein Pfoten-Balsam sollte immer vorrätig sein.

Dieses Balsam-Grundrezept kann natürlich auch an anderen Stellen verwendet werden, z. B. auf Liegeschwielen, auf verhornter Haut oder zur Narbenpflege.

Basisrezept Pfoten-Gel (0,5 %)
50 ml Gelbasis (siehe Rezept auf S. 45)
5 Tropfen ätherische Öle
Das Gel mit den ätherischen Ölen gut vermischen und in einen Pumpspender abfüllen. Im Kühlschrank ist das Gel etwa zwei Monate haltbar.

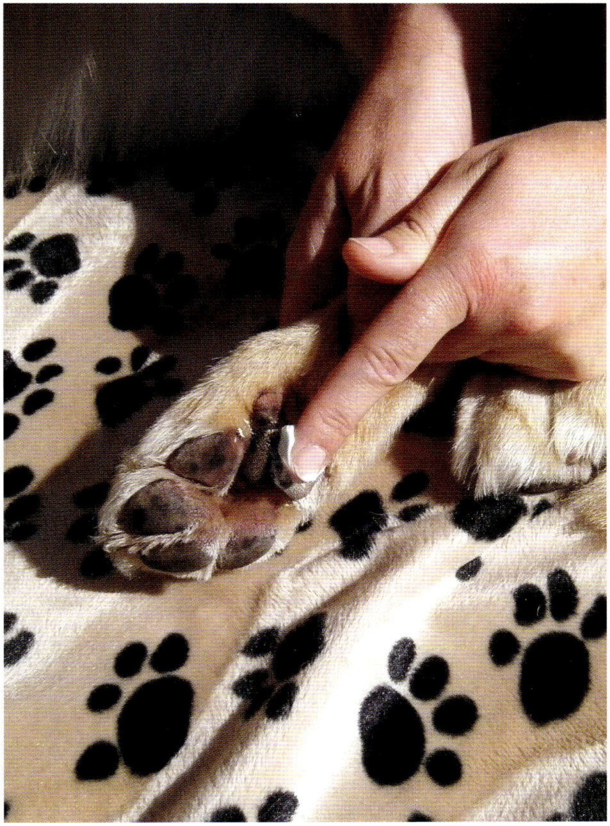

Pfotenpflege ist nicht nur im Winter sinnvoll.

Für Pfotenpflegeprodukte sind alle ätherischen Öle geeignet, die hautpflegend, desinfizierend und entzündungshemmend sind, wie:
Manuka, Teebaum, Lavendel, Rose, Rosengeranie, Atlas Zeder
Bei aufgerissenen Pfotenballen erweist sich zusätzlich noch Cistrose als wirksam.

Massage und Einstreichelung

Massagen tun uns allen gut – warum nicht auch unseren Hunden? Von Natur aus sind Hunde sehr körperbewusste Tiere. Sie suchen den Körperkontakt untereinander und vor allem zum Menschen und werden gern berührt. Hunden Massagen zu geben und diesem angeborenen Bedürfnis entgegenzukommen, ist also durchaus artgerecht.
Durch Massagen wird der Stoffwechsel positiv beeinflusst und ein „Auspresseffekt" der Venen und Lymphgefäße durch eine deutliche Mehrdurchblutung bewirkt. Nicht zu vergessen ist der Wohlfühl-Effekt auch bei unseren Vierbeinern. Auf Massagen sprechen sowohl Hunde-Senioren als auch Welpen gut an.

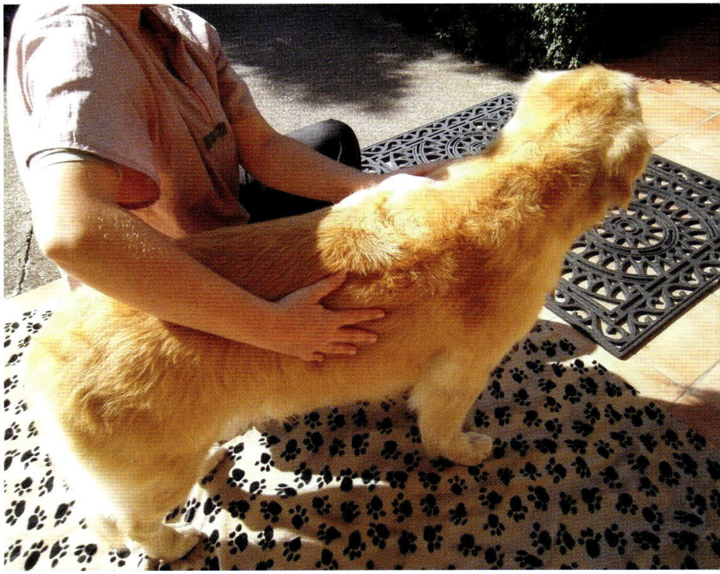

Für das sanfte „Einstreicheln" eignet sich Fellgel.

Die in der menschlichen Aromapflege gebräuchliche „Einreibung", also das Auftragen von ätherischen Ölen in einer Trägersubstanz (zum Beispiel fettes Öl oder Gel) auf Teile des Körpers, bezeichne ich bei Hunden als „Einstreichelung". Die „Einstreichelung" kann von Ihnen so durchgeführt werden, wie Sie glauben, dass Ihr Hund es am liebsten hat. Sie können sich dabei an den „Streichungen" (siehe unten) bei der Massage orientieren.

Grundsätzliches zur Hundemassage

Die hier vorgestellte Aromamassage ist keine Heilmassage im Sinne einer Hundephysiotherapie. Heilmassagen oder medizinische Massagen sollten nur von einem ausgebildeten Hundephysiotherapeuten durchgeführt werden. Sehen Sie die Aromamassage beim Hund als eine Wohlfühlbehandlung an, bei der Sie sich Ihrem Liebling voll und ganz widmen.

Hunde werden gern berührt und massiert.

Bevor sie mit der Massage Ihres Hundes beginnen, sollten Sie sichergehen, dass keine der folgenden Kontraindikationen vorliegt. Am besten Sie reden vorher mit Ihrem Tierarzt.

Es darf nicht massiert werden bei:

- Trächtigkeit
- Knochenbrüchen
- Offenen Wunden
- Entzündungen
- Fieber
- Tumoren
- Frischen Verletzungen
- Infektionserkrankungen

Aromamassage

Das äußerliche Auftragen von ätherischen Ölen, Hydrolaten und Pflanzenölen ist eine der effektivsten Methoden der Hunde-Aromatherapie.
Da behaarte Haut bekanntermaßen besonders gut absorbiert, ist Hundefell ideal für Einreibungen und Massagen. Um Hunden ätherische Öle fettfrei auftragen oder einmassieren zu können, benötigt man ein neutrales Gel, das je nach Indikation mit den jeweiligen ätherischen Ölen angereichert wird (Basisrezept Gel siehe S.45).
Fette Pflanzenöle, wie sie bei der menschlichen Massage verwendet werden, sind aufgrund ihrer heilsamen Wirkung natürlich auch bei Hunden wirksam. Ich selbst setze die wertvollen Pflanzenöle eher punktuell auf kleineren Hautarealen ein, z. B. zur Wundbehandlung oder auf geschorenen Fellstellen nach Operationen.
Da die Aufnahme von ätherischen Ölen beschleunigt wird, sobald die Hauttemperatur steigt, ist der Einsatz von Wärmequellen wie Rotlichtstrahler oder Kirschkernkissen bei der Aromamassage eine sinnvolle Ergänzung.

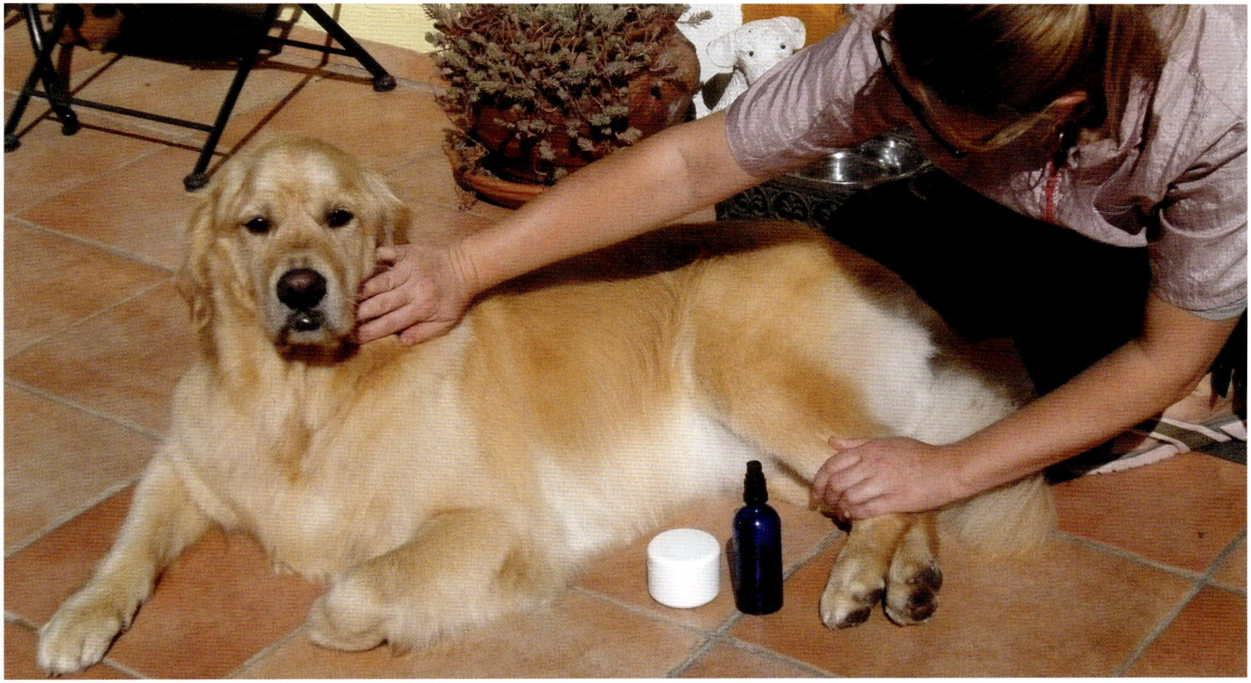

Sanfte Kontaktaufnahme vor der Massage.

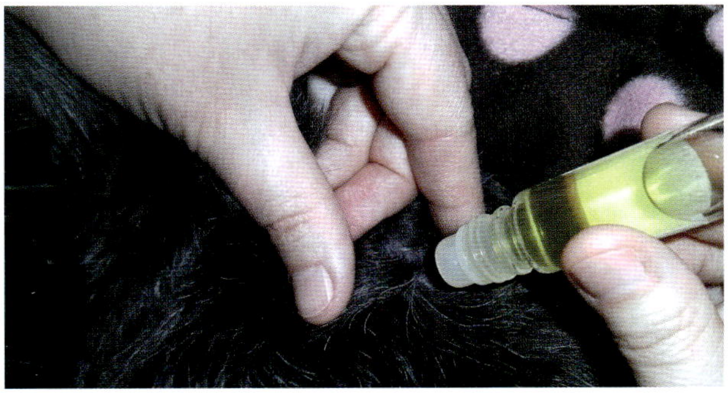

Pflanzenöle sollten eher punktuell auf bestimmten Hautarealen angewendet werden.

Einfache Massagegriffe für die Aromamassage

Vor dem Auflegen der Hände auf den Hund verreiben Sie eine kleine Menge (1 bis 2 Pumpstöße) des Massagegels in den Handflächen.

Streichungen

Mit der ganzen Handfläche vom Hals bis zur Rute und über den gesamten Rückenbereich und die Gliedmaßen hinunter streichen.

Der Hund ist dabei in Seitenlage. Immer mit der Fellwuchsrichtung streichen. Mehrmals wiederholen.

Knetungen lockern und fördern die Durchblutung.

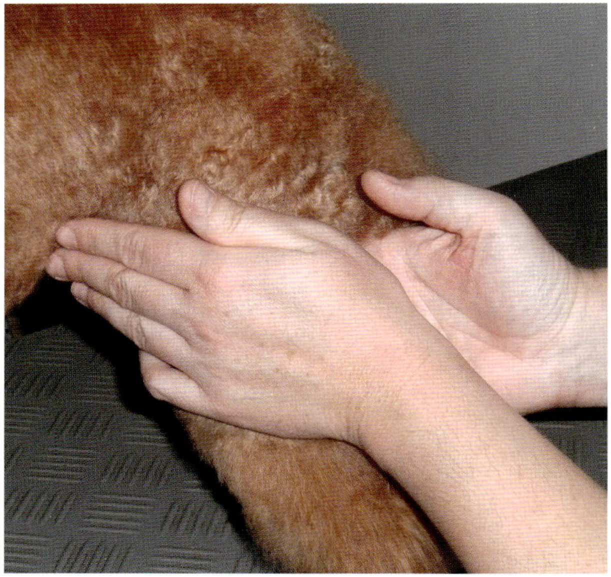

Rollungen sollte man nur auf bemuskelten Regionen durchführen.

Knetungen
Dazu nimmt man mit beiden Händen Fell und Haut in die Hand und bewegt diese S-förmig hin und her. Diesen Massagegriff kann man gut an der Wirbelsäule und an den bemuskelten Partien der Gliedmaßen durchführen. Mehrmals wiederholen.

Tipp
Hundephysiotherapeuten bieten oft Hundemassage-Kurse für Hundehalter an. So können Sie noch mehr Massagegriffe erlernen.

Rollungen
Dabei werden die Muskelgruppen der Schulter oder des Oberschenkels mit beiden Handflächen umschlossen und dann gegengleich bewegt, damit ein Rolleffekt entsteht. Mehrmals wiederholen.

Die Massagedauer kann 10 bis 30 Minuten betragen.

Ein paar Tipps, damit die Aromamassage ein Wohlfühlerlebnis für Hund und Mensch wird:
- Sorgen Sie dafür, dass es angenehm warm im Raum ist und keine Zugluft besteht.
- Betten Sie sich und Ihren Hund weich und gemütlich.

- Ihr Hund sollte keinen vollen Magen und keine volle Blase haben.
- Zwingen Sie den Hund nicht zur Massage, wenn er nicht in Stimmung ist.
- Rundherum sollte eine ruhige Atmosphäre sein.

Für eine entspannende Aromamassage eignen sich folgende ätherischen Öle besonders:
Vanilleextrakt, Ylang Ylang, Rose, Tangerine, Mandarine, Basilikum, Majoran, Lavendel, Neroli, *Eucalyptus staigeriana*, Melisse

Inhalation trocken und feucht

Bei der **Feuchtinhalation** werden die ätherischen Öle in erster Linie über die Schleimhäute aufgenommen, außerdem über die Nase und die Haut. Sie eignet sich besonders bei Erkältung und Atemwegsproblemen.
Beim Hund funktioniert die feuchte Inhalation so, dass eine Schüssel mit heißem (nicht kochendem) Wasser plus einigen Tropfen ätherischem Öl nahe dem Liegeplatz des Hundes aufgestellt wird. Der Wasserdampf darf nicht zu nahe an dem Hund sein, weil dieser dies als unangenehm empfinden würde und er dann wegginge.

Bei Nasenrinnen und Schnupfen empfiehlt es sich, zusätzlich etwa 2 Esslöffel naturbelassenes Meersalz ins Wasser zu rühren. Tücher oder Wolldecken, die der Mensch bei Feuchtinhalationen überwirft, sind beim Hund überflüssig. Es wäre erstens schwer zu bewerkstelligen und zweitens würde es dem Hund Angst bereiten. Der sich im Raum verbreitende duftende Wasserdampf ist für Hunde ausreichend.
Sie können Ihrem Hund im Bedarfsfall bis zu zweimal am Tag eine Inhalation bereiten.

Bei der Feuchtinhalation wirkt eine Wärmelampe zusätzlich wohltuend.

Basisrezept Feuchtinhalation

In 1 Liter heißes Wasser oder Kräutertee kommen höchstens 2 Tropfen ätherisches Öl.
Für feuchte Inhalationen eignen sich besonders:
Cajeput, Silbertanne, Zirbelkiefer, Atlas Zeder, Zitrone, *Eucalyptus radiata*, Thymian Ct. Linalool

Eine **Trockeninhalation** ist beim Hund genauso schnell gemacht wie bei uns Menschen. Seien Sie dabei allerdings behutsam, denn es kann sein, dass der Hund den Geruch als zu intensiv empfindet und das Weite sucht.

Probieren Sie es zuerst mit einem (!) puren Tropfen ätherischem Öl auf ein Papiertaschentuch oder Ähnliches und legen es in die Nähe des Hundes. Es ist ratsam, den Duft noch einige Minuten etwas verflüchtigen zu lassen, bevor man das Tuch zum Hund legt.

Ob diese Art der Anwendung akzeptiert oder abgelehnt wird, hängt ganz individuell vom Hund oder auch vom gewählten Duft ab. Gehört Ihr Hund zu den „Duftsensiblen", dann verdünnen Sie das ätherische Öl besser.

Basisrezept Trockeninhalation (0,5 %)
Auf etwa 10 ml (= 2 EL) Hydrolat kommt 1 Tropfen ätherisches Öl. Gut schütteln und abfüllen in ein kleines Roll-on- oder Sprühfläschchen.

Davon werden dann 1 bis 3 „Roller" oder Sprühstöße auf das Tuch gegeben, das dem Hund zum Körbchen gelegt wird. Alternativ können Sie auch ein Nikihalstuch, eine Kuscheldecke, das Lieblingsstofftier, ein kleines Kissen oder das Hundemäntelchen damit beduften.

Auch das Lieblingsstofftier kann besprüht und somit für die Trockeninhalation verwendet werden.

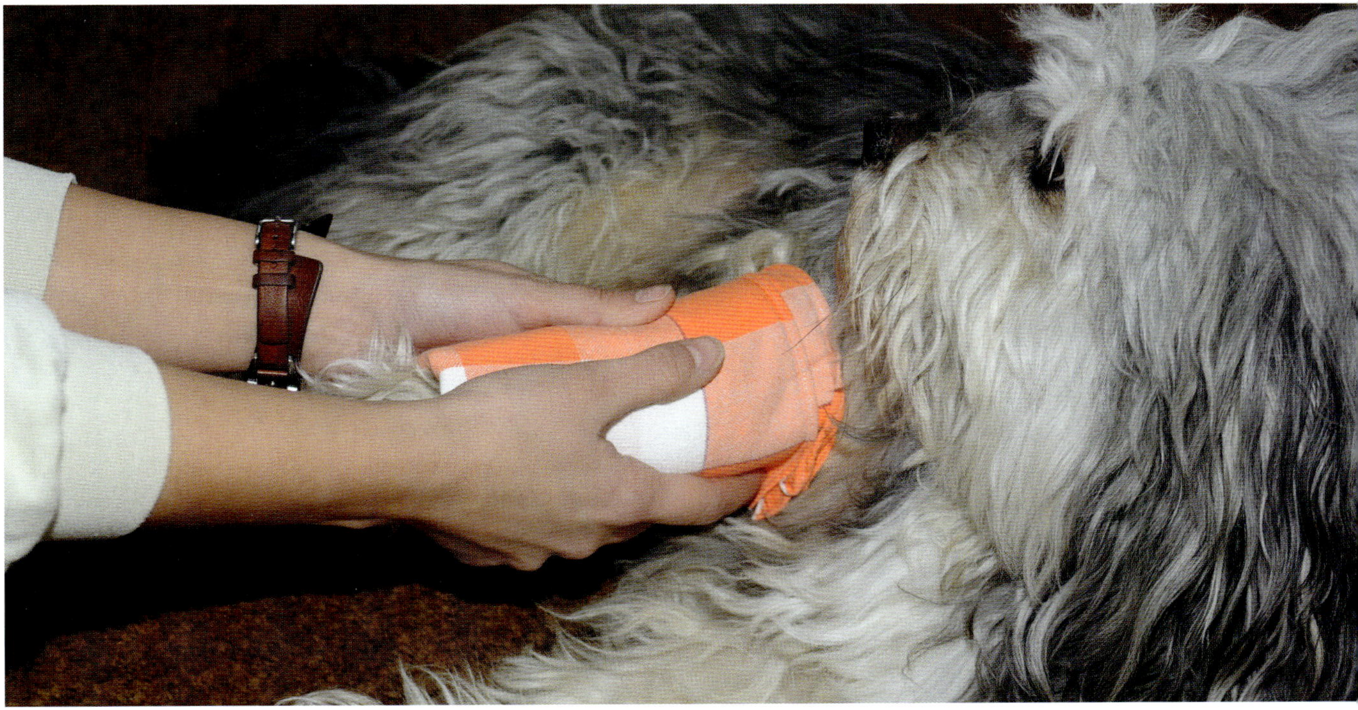

Kompressen können heiß, kalt, ölig oder wässrig sein.

Kompressen

Ich persönlich finde Kompressen beim Hund sinnvoll und einfach durchzuführen. Allerdings ist dabei Feinfühligkeit gefragt. Am besten lässt man den Hund vorher das Kompressenmaterial begutachten und bleibt während der gesamten Zeit der Anwendung dabei. So hat man die Möglichkeit, den Hund zu beruhigen und währenddessen zu streicheln.
Beginnt Ihr Hund zu hecheln, wird nervös oder will aufstehen, brechen Sie bitte ab. Manche Hunde merken mit der Zeit, dass ihnen so etwas guttut, andere Hunde werden sich niemals damit anfreunden können, wenn „ein Fremdkörper" auf sie gelegt wird.

Kompressen sind äußerst vielfältig einzusetzen. Kalte Kompressen sind ein nützliches Hausmittel bei Schwellungen, Zerrungen, Insektenstichen, Entzündungsherden, Fieber oder Hitzewallungen.

Als heiße Variante sind sie geeignet für Magen- und Bauchbeschwerden, Muskelverspannungen oder Arthrose.

Aroma-Kompresse

Kompressen können wässrig oder ölig, heiß oder kalt sein. Für welche Variante man sich entscheidet, richtet sich nach der Problemstellung. Bei Aromakompressen wirkt neben dem physikalischen Reiz (Wärme/Kälte) zusätzlich ein „therapeutischer" Reiz durch ätherische Öle, Pflanzenöle oder Hydrolate.

Ölkompresse

Die richtige Menge ätherischer Öle in das Trägeröl einrühren. Einen Waschlappen oder ein Baumwolltuch eintauchen und auflegen. Bei einer **heißen** Ölkompresse unbedingt vor dem Auflegen am Handgelenk prüfen, ob das Öl nicht zu heiß ist. Die Kompresse so lange am Körper des Hundes lassen, bis sie auf Körpertemperatur abgekühlt ist. Eventuell wiederholen.
Für eine **kalte** Ölkompresse gilt: Herunternehmen, wenn sie sich auf Körpertemperatur erwärmt hat.

Achtung!
Kalte Kompresse bedeutet **nicht** eiskalt. Bitte keine Eiswürfel ins Kompressenwasser geben. Kaltes Leitungswasser genügt vollauf.

Wässrige Kompresse

Ätherische Öle in geeigneter Verdünnung in das **heiße** oder **kalte** Wasser eintropfen. Da sich ätherische Öle aufgrund ihres lipophilen Charakters nicht mit Wasser vermischen, schwimmen sie obenauf. Damit das Tuch einigermaßen gleichmäßig mit den ätherischen Ölen benetzt wird, muss man das Tuch mehrmals ins Wasser tauchen und auswringen. Danach bei der heißen Kompresse den Handgelenkstest nicht vergessen! Auch bei der wässrigen Kompresse das Tuch abnehmen, sobald es auf Körpertemperatur abgekühlt bzw. aufgewärmt ist.

Basisrezept Kompresse
In 1 Liter Flüssigkeit werden etwa 2 Tropfen ätherisches Öl gegeben.

Achtung!
Kompressen nicht bei Welpen, alten oder kranken Hunden anwenden. Eine Rücksprache mit dem Tierarzt ist empfehlenswert.

Schnelle Hydrolatkompresse

Hat man gerade nicht die nötigen Zutaten dabei oder ist die Zeit knapp, wirkt eine Kompresse mit Hydrolat genauso gut. Ein paar Sprühstöße Hydrolat auf ein Tuch, auflegen – fertig. Besonders praktisch ist das auf Wanderungen oder im Urlaub. Einsatzbereiche sind z. B. Insektenstiche, Hitzewallungen oder Juckreiz. Hydrolatkompressen sind für jeden Hund geeignet.

Raumbeduftung

Den Raum, in dem ein Hund sich aufhält, zu beduften, ist eine sehr wirkungsvolle und einfache Methode der Aromatherapie. Aromatherapeutische Raumbeduftung hat aber nichts mit Parfüm- oder Duftölen, die nach Kirschblüte oder Apfel riechen, zu tun. Duftsprays, Duftkerzen, Duftbäumchen usw. werden in der Werbung gern als „Aromatherapie" angepriesen.
Duft- oder Aromaöle, die nicht als 100 % natürliche ätherische Öle deklariert sind, eignen sich aber **nicht** für

Eine Duftlampe sorgt nicht nur für Duft, sondern auch für Atmosphäre, sollte aber aus Sicherheitsgründen unzugänglich für den Hund platziert werden.

den therapeutischen Einsatz. Wie erwähnt, funktioniert die Aromatherapie über die heilsamen Inhaltsstoffe in ätherischen Ölen und nicht, weil sie „gut riechen". Hundeparfüms oder synthetische Duftöle bedeuten genau das Gegenteil von Aromatherapie, denn sie reizen die empfindliche Hundenase auf aggressive Weise und können zudem allergische Reaktionen auslösen!
Der Aufnahmeweg von ätherischen Ölen über den Geruchssinn eignet sich besonders bei Problemen psychischer Natur, da die Duftmoleküle direkt ins limbische System des Gehirns gehen und von dort aus Einfluss auf Emotionen und Gefühlswelt haben. So kann man beispielsweise den Raum beduften, in dem sich der Hund aufhält, wenn dieser nicht gern allein bleibt.

Möglichkeiten der Raumbeduftung

Eine **Duftlampe** mit Teelicht ist wahrscheinlich die häufigste Assoziation zum Thema Aromatherapie. Eine aromatherapeutische Raumbeduftung ist dies aber nur, wenn man echte ätherische Öle verwendet, die zu 100 % naturrein sind. Vorsicht geboten ist lediglich bei der Dosierung und bei Duftlampen mit offener Flamme.
Am besten gibt man 2 bis 5 Tropfen in ein **Raumbeduftungsgerät** oder die Duftlampe. Der Duft sollte nur sehr subtil im Zimmer wahrnehmbar sein, dann ist es auch für Vierbeiner nicht störend. Ich verwende in meiner Praxis einen elektrischen **„Aromastream"** – zum einen, um den Hunden auf duftende Art und Weise die Unsicherheit zu nehmen, zum anderen, um eine angenehme Arbeitsatmosphäre zu schaffen und den manchmal strengen Hundegeruch zu desodorieren.
Für Autofahrten gibt es überdies spezielle Autobeduftungsgeräte für den Zigarettenanzünder.

Raumsprays

Toll sind Raumsprays auf Reisen. Wenn Hunde nicht gern wegfahren, liegt die Ursache zumeist in Reiseübelkeit und Unsicherheit im Fahrzeug. Raumsprays erweisen sich auch als „Wunderwaffe" zur kurzfristigen Bekämpfung unangenehmer Gerüche, z. B. wenn der Hund von draußen kommt und es im Haus nach „nassem Hund" riecht.

Basisrezept Raumspray (3 %)
100 ml Hydrolat oder Wasser
60 Tropfen ätherische Öle
eventuell ein „Schuss" Weingeist zur Konservierung
Alles vermischen und vor jedem Gebrauch gut schütteln. Gekühlt ist das Spray etwa zwei Monate haltbar. 2 bis 3 Sprühstöße pro Anwendung genügen!

Duftsteine lassen sich überall gut platzieren.

Duftsteine

Duftsteine aus Ton oder Gips, mit ätherischem Öl betropft, lassen sich gut überall platzieren: beim Schlafplatz, im Hundekörbchen, im Auto, in der Nähe des Katzenklos und vielen weiteren Örtlichkeiten.

Achtung!

Vorsicht bei Hunden, die gern Dinge anknabbern. Die Duftsteine sollten nicht ins Maul genommen oder gefressen werden!

Orale Einnahme

Oral kann man dem Hund vor allem Pflanzenöle im Sinne einer Nahrungsergänzung geben. Diese sind meistens geschmacklich bekömmlich für den Hund, wenn man sie unters Futter mischt. Auch ein paar Sprühstöße Hydrolat über das Futter lassen sich Hunde gern schmecken.
Hydrolat kann man auch ins Trinkwasser geben (etwa 1 bis 2 Teelöffel pro 1 Liter).
Hierbei muss man aber aufpassen: Oft wollen Hunde, sobald ihr Trinkwasser nicht mehr nach reinem Wasser riecht, gar nicht mehr trinken, und die regelmäßige Wasseraufnahme ist natürlich immens wichtig. Deshalb sollte man beobachten, ob der Hund ganz normal trinkt wie immer. Falls nicht, lässt man den Zusatz im Trinkwasser weg.
Kritischer wird es bei ätherischen Ölen. Sie dem Hund oral zu verabreichen, sollte eher die Ausnahme sein.
Nur wenige ätherische Öle sind innerlich eingenommen verträglich. Einige könnten sogar toxisch wirken oder die Schleimhäute reizen und sogar verletzen.

Hinweis für die folgenden Kapitel

In den folgenden Kapiteln werden die wichtigsten ätherischen Öle, Hydrolate und Pflanzenöle und -fette, die für die Aromatherapie bei Hunden verwendet werden können, vorgestellt. Für die empfohlenen Rezepte stellen häufig Basismischungen die Grundlage. Die Basisrezepte wurden in diesem Kapitel schon alle aufgeführt.

Ätherische Öle

Atlas Zeder

Zedernholz – *Cedrus atlantica*
Pflanzenfamilie: Kieferngewächse (Pinaceae)
Gewinnung: Wasserdampfdestillation des Holzes
Duft: Balsamisch, holzig
Vorsichtsmaßnahmen: Keine bei fachgerechter Anwendung

Ätherisches Zedernöl wird nicht wie bei anderen Kieferngewächsen aus den Baumnadeln destilliert, sondern aus dem Holz. Die Zeder gehört zu den imposantesten Bäumen der Erde. An der Gestalt dieses Riesen kann man die Indikation seines ätherischen Öls ableiten. Mut, Kraft, Selbstbewusstsein sind Schlagworte, die auf die Wirkung hinweisen. *„Was der Löwe im Tierreich ist, ist der Zeder unter den Bäumen"*, beschrieb es eine Pionierin der Aromatherapie, Susanne Fischer-Rizzi (2011).

Zeder verhilft zu mentaler Lebenskraft. Hunde, die sich „klein fühlen", egal wie groß sie sind, verschafft man mehr Selbstsicherheit. Andererseits tut Zedernöl Hunden gut, die aus Unsicherheit heraus aggressiv und herrisch agieren. Atlas Zeder lässt sich gut mit dem „Balance-Öl" Rosengeranie kombinieren.

Eine stark körperlich wirkende Eigenschaft ist die hervorragende antiallergische Wirksamkeit. Mithilfe einer Trockeninhalation kann sich eine allergiebedingte Histaminausschüttung deutlich verbessern. Auch auf der Haut ist dies besonders spürbar, z. B. wenn Hunde allergisch auf

Die Atlas Zeder ist ein imposanter Baum, aus dessen Holz das Öl gewonnen wird.

Blütenpollen reagieren, nachdem sie durch eine blühende Wiese gelaufen sind (besonders am ungeschützten Bauch).

Zedernöl verhilft zu mentaler Lebenskraft.

Atlas Zeder ist eines der hautfreundlichsten ätherischen Öle. Man kann es als Fixativ in Haut- und Fellsprays vielseitig nutzen. Zusätzlich hält es auch noch Parasiten fern und kann somit in eine insektifuge Shampoomischung gegeben werden.

Rezeptidee

Parasitenschutzmischung pur 5 ml

30 Tropfen Zitronella
20 Tropfen *Eucalyptus citriodora*
20 Tropfen Lavendel
30 Tropfen Atlas Zeder
Diese pure Mischung kann bis zu 1%ig in Shampoos, Sprays usw. beigemischt werden. Ihrem Hund zuliebe sollten Sie es **nicht** unverdünnt auftragen!

Achtung!

Zedernblätteröl oder Virginia Zeder dürfen nicht verwendet werden. Sie sind nicht für die Aromatherapie geeignet!

Basilikum Ct. Linalool

Europäisches Basilikum – *Ocimum basilicum*
Pflanzenfamilie: Lippenblütler (Lamiaceae)
Gewinnung: Wasserdampfdestillation des blühenden Krautes
Duft: Nicht typisch nach Basilikum, krautig
Vorsichtsmaßnahmen: Keine beim Linalool-Typ und fachgerechter Anwendung

Der Name Basilikum bedeutet im griechischen „königlich", weshalb dieses Gartenkraut auch als „Königskraut" betitelt wird. Ich finde den Duft betörend würzig, wenn auch nicht typisch, wie man es vom Küchenkraut Basilikum aus der italienischen Küche kennt. Dass man Basilikum vor allem für das Kochen verwendet, hat auch einen guten Grund: Das ätherische Öl des Basilikums ist eines der am besten verdauungsfördernd wirkenden Öle.

Besondere Beachtung verdient es jedoch als „Angstlöser", weshalb ich es gern in Anti-Stress-Mischungen für Tierarzt- oder Hundefriseurbesuche gebe. Basilikum lässt sich sehr gut kombinieren mit beruhigenden Ölen wie Lavendel und Melisse oder mit stimmungsaufhellenden wie Zitrusölen. Leidet ein Hund beim Autofahren unter Angst **und** Übelkeit, vermischen Sie es mit Pfefferminzöl.

Weil es durch den hohen Linalool-Anteil ausgesprochen hautfreundlich ist, kann man es auch in sämtliche Fellpflegeprodukte wie Shampoo oder Spray einarbeiten. Gerade die Hundewäsche bedeutet für viele Vierbeiner eine Stresssituation, der man mit Basilikumöl etwas gegensteuern kann.

Auch den Duft des in der Küche verwendeten Basilikums finden Hunde angenehm.

Achtung!
Für die Hunde-Aromatherapie wird nur das „milde" Europäische Basilikum verwendet, nicht das „exotische" Basilikum Ct. Methylchavicol.

Rezeptidee
Anti-Stress-Fellgel (0,5 %)
50 ml Basis Fellgel (idealerweise mit Geranienhydrolat siehe S. 45)
1 Tropfen Grapefruit
1 Tropfen Mandarine
1 Tropfen Basilikum Ct. Linalool
1 Tropfen Rosengeranie
1 Tropfen Atlas Zeder

Beim Heranreifen verfärbt sich die Schale der Bergamotte, aus der das Öl gewonnen wird, von grün nach gelb.

Bergamotte

Bergamotte – *Citrus aurantium ssp. bergamia*
Pflanzenfamilie: Rutaceae (Rautengewächse)
Gewinnung: Kaltpressung der Fruchtschalen
Duft: Herb zitrusartig, frisch
Vorsichtsmaßnahmen: Fotosensibilisierung, Hautreizung bei oxidiertem Öl

Den herrlichen Duft der Bergamotte kennen „Menschennasen" von dem berühmten Eau de Cologne „Kölnisch Wasser", dessen Bestandteil es neben Lavendel, Rosmarin, Zitrone und Neroli ist. Unserem Gaumen ist es durch „Earl Grey Tee" bekannt.

Bergamotteöl zeichnet sich durch seine stark antidepressive und angstlösende Wirkung aus, da es regulierend auf das Zentralnervensystem einwirkt.
Aufgrund dessen ist es ideal in jeder Mischung, die den Hund auf „brenzlige" Situationen vorbereiten soll. Dies könnten sein Besuche beim Tierarzt, beim Hundefriseur oder gefürchtete Autofahrten.
Bergamotte kombiniert mit Mandarine oder Basilikum sollte eigentlich die Standard-Raumbeduftung in tierärztlichen Wartezimmern, Hundesalons oder Hundepensionen sein. Nebenbei befreit es einen Raum von tierischem Mief.

Aber nicht nur auf der psychischen Ebene ist mit Bergamotte Großes zu bewirken. Die Bergamotte weist, wie auch ihre Verwandte die Zitrone, stark entzündungshemmende, antiseptische und antibakterielle Inhaltsstoffe auf.
Sehr gute Erfolge konnte ich bei Hals-, Rachen- oder Mandelentzündungen erzielen. Kompressen mit Bergamotte und Meersalz, unterstützend zur tierärztlichen Behandlung bei Mandelentzündung, sind eine wohltuende Zusatzmaßnahme für den Hund.

Der herb-süße, desodorierende Duft des Bergamotteöls ist fast prädestiniert für jegliche Art von Fellpflegeprodukten. Wenige Tropfen ins Hundeshampoo gemischt oder in eine abschließende Spülung zaubern eine unaufdringliche Frische ins Hundefell, die süchtig danach

macht, die Nase ins Fell unseres geliebten Hundes zu stecken.
Bei sehr kurz geschorenem oder weißem Fell ist im Sommer jedoch auf die hautsensibilisierenden Wirkung zu achten. Bei „sonnenanbetenden" Hunden lieber sehr gering dosieren (unter 0,5 %) oder furocumarinarmes Bergamotteöl (im gut sortierten Fachhandel erhältlich) verwenden.

Achtung!

Bergamotteöl enthält den Inhaltsstoff Bergapten, der die Haut lichtdurchlässiger macht (siehe auch Fotosensibilisierung auf S. 38).

Rezeptidee

Kompresse bei Hals- und Rachenentzündung

1 Liter kaltes Wasser (**keine** Eiswürfel)
2 Esslöffel Meersalz (vorher in wenig heißem Wasser aufgelöst)
1 Tropfen Bergamotte
1 Tropfen Rose 10:90
Zusätzlich mehrmals täglich Rosenhydrolat ins Mäulchen geben (oder ins Trinkwasser).

Bergamotteöl hilft auch bei Halsentzündungen.

Das Cajeputöl wird nicht aus den Blüten, sondern aus Blättern und Zweigen gewonnen.

Cajeput

Cajeput – *Melaleuca leucadendra*
Pflanzenfamilie: Myrtengewächse (Myrtaceae)
Gewinnung: Wasserdampfdestillation der Blätter und Zweige
Duft: Mild eukalyptusartig
Vorsichtsmaßnahmen: Keine bei fachgerechter Anwendung

Cajeputöl ist aufgrund seiner keimabwehrenden Eigenschaft ein effektives Antiseptikum. Darum wird es bei Erkältungskrankheiten aller Art angewendet. Es wirkt mukolytisch (schleimlösend) und expektorativ (auswurffördernd), lindert Hustenreiz sowie Schnupfen. Auch manche Hundenase kann eine Schnupfennase sein und „rinnen". Versuchen Sie einmal Ihrer vierbeinigen Rotznase etwas Gutes zu tun, indem Sie eine feuchte Inhalation zubereiten. Eine Infrarotlicht-Bestrahlung verschafft Ihrem Hund zusätzliche Wohltat.

Cajeputöl eignet sich für Hunde noch besser als das traditionelle Erkältungsöl Eukalyptus, weil es weniger Oxide enthält. Es riecht deshalb weniger scharf und stechend, was angenehmer für das sensible Riechorgan unserer Hunde ist.

Bei Muskelschmerzen und Verspannungen kann es aufgrund der schmerzstillenden Komponente dem Massagegel oder der „Einstreichelung" beigemischt werden.

Rezeptidee
Feuchte Inhalation bei Erkältung
1 Liter heißes Wasser
2 Esslöffel Meersalz
1 Tropfen Cajeput
1 Tropfen Zitrone

Cistrose

Cistrose, Zistrose – *Cistus ladaniferus*
Pflanzenfamilie: Cistusgewächse (Cistaceae); kein Rosengewächs!
Gewinnung: Wasserdampfdestillation der verharzten Blätter und Zweige
Duft: Harzig, balsamisch
Vorsichtsmaßnahmen: Keine bei fachgerechter Anwendung

Es gibt zwei Varianten dieses erdig-süß riechenden Öls: Die Destillation der stark verharzten Zweige und Blätter ergibt das „echte Cistrosenöl". Werden Harzklümpchen mittels Hexan extrahiert, erhält man das „Labdanum-Resinoid".
Die „verknitterten" Blüten enthalten kein ätherisches Öl.

Verwenden Sie am besten das destillierte echte Cistrosenöl, weil dieses keine Lösungsmittelreste, die von der Extraktion herrühren, enthalten kann.
Die herausragende Wirkung dieses Öls liegt in dessen wundheilendem Wesenszug, weshalb es in der Literatur häufig als „Anti-Trauma-Öl" und „Aromatherapeutische Wundnaht" betitelt wird (Zimmermann, 2008).

Die akut blutstillende Wirkung ist für mich immer wieder mit Erstaunen zu beobachten. Hundebesitzer erleben es öfter mal, dass ihre Hunde sich kleine, harmlose Schnittverletzungen oder blutende Kratzer zuziehen, sei es bei allzu wildem Herumtollen oder bei Pfotenverletzungen durch Scherben oder Splitt. Einen (!) Tropfen Cistrose 10:90 in Jojoba punktuell auf die blutende Stelle und man kann richtig zusehen, wie das Blut stockt. Von Nutzen ist in solchen Fällen auch die desinfizierende und entzündungshemmende Wirkung der Cistrose. Auch dient es als Erste-Hilfe-Maßnahme bei aufgerissenen Alterswarzen, die ziemlich stark bluten können.

Die attraktiven Blüten der Cistrose enthalten kein ätherisches Öl.

Seelische Traumen und innerliche „Kratzer" sind ebenso Einsatzmöglichkeiten für das Cistrosenöl. Als besonders wertvoll erweist sich dieses bei Hunden aus dem Tierschutz bzw. Hunden, die ein Trauma durch einen Unfall erlitten haben oder gebissen worden sind. In solchen Fällen geht Cistrose eine ideale Synergie mit Neroli und Immortelle ein.

Cistrosenöl hilft bei seelischen und körperlichen Verletzungen.

Achtung!

Grundsätzlich ist es ratsam, ätherische Öle, die stark auf die Psyche einwirken, mithilfe eines erfahrenen Aromatherapeuten, der auf Hunde spezialisiert ist, anzuwenden. Denn es könnte sein, dass bei der Aufarbeitung alter Traumen Konflikte entstehen.

Rezeptidee

Notfallgel für kleine Verletzungen (1,5 %)

50 ml Gelbasis
4 Tropfen Teebaum
4 Tropfen Lavendel
3 Tropfen Cistrose 10:90
2 Tropfen Manuka
2 Tropfen Immortelle 50:50
Nur punktuell auftragen!

Eukalyptus

Pflanzenfamilie: Myrtengewächse (Myrtaceae)
Gewinnung: Wasserdampfdestillation der Blätter und Zweige
Duft: Je nach Art mild eukalyptusartig bis zitronig
Vorsichtsmaßnahmen: Keine bei den drei im Folgenden genannten Arten und fachgerechter Anwendung

Es gibt rund 600 Arten von dieser nur in warmen, frostsicheren Gebieten gedeihenden Pflanzengattung. Weil Eukalyptusbäume schnell wachsen und somit keine Rohstoffknappheit herrscht, ist der Preis für dieses ätherische Öl ziemlich niedrig.

Aus folgenden Eukalyptusarten werden ätherische Öle gewonnen: *Eucalyptus globulus, E. radiata, E. dives, E. staigeriana, E. citriodora, E. smithii, E. fructicetorum (früher polybractea).*

Bis auf den Zitroneneukalyptus *(E. citriodora)* werden alle Arten vor allem bei Atemwegs- und Erkältungskrankheiten verwendet. Der hohe Gehalt an dem Inhaltstoff 1,8-Cineol ist verantwortlich für die stark schleimlösende und auswurffördernde Wirkung.

Achtung!

Der klassische „Erkältungseukalyptus" *Eucalyptus globulus* ist für Hundenasen zu scharf. Für Erkältungskrankheiten beim Hund eignet sich der mildere *Eucalyptus radiata* oder Cajeputöl besser.

Das Eukalyptusöl wird aus den Blättern und Zweigen der Bäume gewonnen.

Eukalyptusbäume wachsen sehr schnell wie dieser in Australien.

Für die Aromapflege beim Hund sind folgende drei Eukalyptusöle relevant:

Eucalyptus radiata
Als Mittel gegen Erkältungskrankheiten beim Hund ist es als Alternative zu Cajeputöl zu betrachten. Es ist deutlich milder und verträglicher als *Eucalyptus globulus* und aus diesem Grund für kleine Kinder und Tiere besser geeignet. Seine schleimlösende und auswurffördernde Eigenschaft gepaart mit der antiviralen Komponente macht es zu einem Allrounder bei Hals- und Nasenproblemen.

Eucalyptus staigeriana
Dieses Öl zeichnet sich durch seinen zitronigen Duft aus. Es eignet sich als mildes Erkältungsmittel, aber vor allem bei depressiven Verstimmungen. *Eucalyptus staigeriana* wirkt auf die Psyche und hilft somit, psychosomatische Verspannungen aufzulösen. Gut ergänzen lässt es sich dabei mit Zitrusölen, Neroli, Petit Grain oder auch Melisse. Verspannungen der Psyche ziehen häufig Muskelverspannungen mit sich. Somit stellt es das ideale Öl für Wellness-Massagen unserer Vierbeiner dar.

Eucalyptus citriodora
Dieses Öl wird auch als Zitroneneukalyptus bezeichnet. Es enthält als einziges Eukalyptusöl kein 1,8-Cineol, weshalb dieses nicht als Erkältungsöl charakterisiert ist. Aufgrund seiner Milde wird er häufig als „Kindereukalyptus" bezeichnet. Der zitronige Duft hebt die Laune und eignet sich gut als desodorierender Raumduft. In Mischungen zur Insektenabwehr bewährt sich dieser Eukalyptus sehr gut neben Citronella oder Lavendel.
Aufgrund des hohen Citralgehaltes ist bei Grünem Star (Glaukom) Vorsicht geboten, weil es beim Hund wie beim Menschen den Augeninnendruck erhöhen kann.

Grapefruit

Grapefruit – ***Citrus paradisi***
Pflanzenfamilie: Rautengewächse (Rutaceae)
Gewinnung: Kaltpressung der Fruchtschalen
Duft: Bitter zitrusartig
Vorsichtsmaßnahmen: Fotosensibilisierung, Hautreizung bei oxidiertem Öl

Dies ist ein Öl, das in jeglicher Situation, in der eine gewisse Portion Heiterkeit vonnöten ist, eingesetzt werden kann. Generell bringt es Leichtigkeit in „schwere" Stunden und bei seelischen Belastungen unserer Hunde. Bleibt ein Hund nicht gern allein zu Hause, erleichtert man ihm die Wartezeit damit ein wenig (z. B. plus Tuberose und Vanille).

Hündinnen, die werfen, kann man die Anspannung nehmen, indem man sie in der Geburtsphase mit Grapefruitöl begleitet. Wichtig ist aber gerade in dieser Situation eine hohe Verdünnung, und zwar so, dass der Duft für uns Menschen fast nicht mehr wahrnehmbar ist. Folgende Mischung ist auch für die Welpen ein duftender Willkommensgruß:

Rezeptidee

„Geburtsbegleiter" für werfende Hündinnen für Duftlampe oder Aromastream

2 Tropfen Grapefruit
2 Tropfen Mandarine
1 Tropfen Neroli 10:90

Das Öl der Pink Grapefruit ist die fruchtigere Variante.

Grapefruitöl hat außerdem entgiftende Eigenschaften und regt den Lymphfluss an.

Pink Grapefruit ist die etwas fruchtigere Variante aus Kuba. Der Unterschied im Duft liegt in der weniger bitteren, mehr fruchtigeren Komponente. Pink Grapefruit kann analog zum normalen Grapefruitöl eingesetzt werden.

Die Bezeichnung „Katzenpfötchen" verdankt die Immortelle der Form ihrer Blüten.

Immortelle

Immortelle – *Helichrysum italicum*
Pflanzenfamilie: Korbblütler (Asteraceae, Compositae)
Gewinnung: Wasserdampfdestillation des blühenden Krautes
Duft: Schwer, krautig, würzig, honigartig
Vorsichtsmaßnahmen: Keine bei fachgerechter Anwendung

„Unsterbliche", „Katzenpfötchen", „Strohblume" – dies sind Namen, unter denen dieses unscheinbare Kräutlein, das im Mittelmeerraum beheimatet ist, bekannt ist.
Sein Geruch ist etwas gewöhnungsbedürftig. Wem es bereits gute Dienste geleistet hat, der wird es mit honigartigen Noten assoziieren.

Kein anderes ätherisches Öl hat eine so eindeutige Charakteristik wie das Immortellenöl. Blutergüsse, sogenannte Hämatome, sind sein vorrangiges Einsatzgebiet, da es stark hämolysefördernd (verbrauchte Blutkörperchen abtransportierend) und antikoagulativ (Verklumpung des Blutes verhindernd) wirkt. Somit wird die Zellregeneration aktiviert, der Lymphfluss angeregt und das Entzündungsrisiko gehemmt.
Immortelle geht mit dem ätherischen Öl der Cistrose eine wunderbare Synergie ein, wenn es darum geht, akuten oder alten Verwundungen einen Heilungsschub zu verpassen. Zusammen mit Teebaum, Manuka, Cistrose und Lavendel bildet es die aromatische Notfallmischung (siehe S. 68), die jeder Hundebesitzer bei Aktivitäten mit seinem Vierbeiner mit dabei haben sollte.

Immortellenöl löst aber nicht nur körperliche, sondern auch „seelische blaue Flecken". Hunden, die Belastungen mit sich tragen, kann man mit Immortellenöl eine Hilfestellung zur Bewältigung geben. Seelische Verletzungen, auch wenn sie schon Jahre zurückliegen, wie Unfall oder eine schwere Krankheit, werden damit besser verarbeitet.

Bei der Aufarbeitung verborgener Emotionen ist auch die Hilfestellung vonseiten des Besitzers wichtig. Dies gilt insbesondere bei ätherischen Ölen, die stark auf die Psyche einwirken, wie Immortelle oder Cistrose.

Rezeptidee

Körbchenspray bei psychischem Trauma (0,5 %)
100 ml Nerolihydrolat oder Rosenhydrolat
4 Tropfen Bergamotte
2 Tropfen Neroli 10:90
2 Tropfen Immortelle
2 Tropfen Cistrose

Kamille römisch

Römische Kamille – *Chamaemelum nobile*
(früher *Anthemis nobilis*)
Pflanzenfamilie: Korbblütler (Asteraceae, Compositae)
Gewinnung: Wasserdampfdestillation des blühenden Krautes
Duft: Krautig, honigartig, Apfelduft
Vorsichtsmaßnahmen: Homöopathische Antidot-Wirkung möglich, eventuell hautreizend bei Allergie gegen Korbblütler

So wie Melissenöl verwende ich das Öl der Römischen Kamille in der Hunde-Aromatherapie vorrangig für nasale Anwendungen im psychischen Bereich. Beispiele sind Stimmungsschwankungen, Nervosität, Überreiztheit oder Ängstlichkeit. Zusammen mit Melisse, Lavendel oder Neroli entsteht ein Raumduft, der nervenberuhigend wirkt. Einsatzbereiche wären Angst vor Gewitter, vor der Silvesterknallerei oder vor Autofahrten. Kamillenöl wirkt psychisch aufrichtend bei „seelischem Bauchweh".
Der Volksname „Mutterkraut" wird dessen Wirkung gerecht in Situationen, in denen unsere Hunde Beruhigung und Geborgenheit brauchen.

Rezeptidee

Nervenberuhigende Mischung für Duftlampe oder Aromastream
1 Tropfen Lavendel
1 Tropfen Melisse 10:90
1 Tropfen Neroli 10:90
1 Tropfen Römische Kamille 10:90

Anhand der gefüllten Blütenköpfe kann man die Römische Kamille gut von der Echten Kamille unterscheiden.

Die Echte Kamille ist aus der Naturheilkunde kaum wegzudenken.

Kamille blau

Echte Kamille – *Matricaria recutita*
(früher *Chamomilla recutita*)
Pflanzenfamilie: Korbblütler (Asteraceae, Compositae)
Gewinnung: Wasserdampfdestillation der Blütenköpfchen
Duft: Krautig, heuartig
Vorsichtsmaßnahmen: Homöopathische Antidot-Wirkung möglich, eventuell hautreizend bei Allergie gegen Korbblütler

Die beiden Kamillearten verfügen über ganz unterschiedliche Wirkungsweisen. Während die Römische Kamille eher dem psychischen Wirkungskreis zugerechnet wird, sind die Hauptindikationen der Echten Kamille vor allem im körperlichen Bereich zu finden.

Begründet wird die stark entzündungshemmende Komponente durch den Wirkstoff „Chamazulen", der eine blaue Farbe hat. Ebenso wie auch das blaue Schafgarbenöl fördert es die Abheilung bei entzündlichen Hauterkrankungen.

Als „Wundöl" wird es bei der Behandlung von Geschwüren, schlecht heilenden Wunden oder zur Narbenpflege eingesetzt. In der Hunde-Aromatherapie wird dieses teure Öl nur sehr gering dosiert verwendet, z. B. in einer Mischung zur Pflege von Operationswunden.

Schon gewusst?
Die Blaufärbung dieses ätherischen Öls entsteht erst durch den Destillationsvorgang.

Lavendel

Echter Lavendel – *Lavandula angustifolia*
Pflanzenfamilie: Lippenblütler (Lamiaceae, Labiatae)
Gewinnung: Wasserdampfdestillation des blühenden Krautes
Duft: Frisch, krautig, typisch lavendelartig
Vorsichtsmaßnahmen: Keine bei fachgerechter Anwendung

Es gibt wohl kein ätherisches Öl, das vielseitiger einsetzbar ist. Neben dem allseits beliebten Echten Lavendel gibt es noch andere Lavendelarten wie den Schopflavendel, Speiklavendel oder Lavandin. Diese sind aber für die Aromapflege bei Hunden nur bedingt relevant und verursachen zudem eine andere Wirkung.
Das breiteste Spektrum an Inhaltstoffen gewinnt man aus dem wilden Berglavendel „Lavendel Extra".

Eine der vielen Gaben des Lavendelöls ist es, einen „synergistischen Effekt" in einer Mischung zu begünstigen, das heißt, dass die einzelnen Öle in einer Mischung sich in ihrer Wirkungsweise bestärken.

Seine stark wundheilende Eigenschaft hat es zu Recht zu einem Universalöl bei aller Art von Verletzungen werden lassen. Es wirkt desinfizierend, schmerzstillend, entzündungshemmend, antibakteriell, krampflösend und zellregenerierend. Deshalb ist es Bestandteil der aromatischen Notfallmischung (siehe S. 68), die jeder Hundebesitzer immer parat haben sollte.

Eine weitere Wirkung dieses Allrounders möchte ich ebenfalls besonders hervorheben. In hoher Verdünnung fungiert es als Nerventonikum und Beruhigungsmittel.

Der Lavendel gehört wohl zu den am vielseitigsten einsetzbaren Kräutern.

Nervöse Hunde lassen sich durch eine Raumbeduftung mit Lavendel (eventuell zusammen mit Melisse und Geranie) „herunterholen". Die schlaffördernde Wirkung kann man sich bei unruhigen Hunden, die in der Nacht gern „herumgeistern", zunutze machen. Ängstliche Hunde lassen sich mit Lavendelöl leichter beruhigen.

Achtung!
In zu hoher Dosierung (über 3 %) kehrt sich die beruhigende Wirkung um!

Rezeptidee
Schlaffördernde Mischung für Duftlampe oder Aromastream
2 Tropfen Lavendel
2 Tropfen Zirbelkiefer
1 Tropfen Melisse 10:90

Lemongrass/Zitronengras

Ostindisches Zitronengras – *Cymbopogon flexuosus*
Westindisches Zitronengras – *Cymbopogon citratus*
Pflanzenfamilie: Süßgräser (Poaceae, Gramineae)
Gewinnung: Wasserdampfdestillation des Grases
Duft: Stark zitrusartig, scharf
Vorsichtsmaßnahmen: Vorsicht bei Glaukom, oxidiertes Öl eventuell hautreizend

Zitronengrasöl (häufig Lemongrassöl genannt) wird aus einem duftenden, tropischen Gras gewonnen, so wie auch Citronella (siehe S. 98) und Palmarosa (siehe S. 82). Den Duft assoziiere ich mit der puren Lebensfreude. Und genauso wirkt Lemongrassöl auch: aktivierend, antidepressiv, erfrischend auf Körper und Geist. Wenn man nicht richtig in die Gänge kommt und einen Durchhänger hat, hilft eine kurze Trockeninhalation damit. Für Hunde gilt dasselbe.

Weil Zitronengrasöl von Natur aus sehr intensiv riecht und der Duft sich nicht schnell verflüchtigt, mischt man für die Anwendung beim Hund lieber ein Spray an, das man dann für das Besprühen von Nikihalsbändern, Plüschtieren, Decken usw. verwenden kann. Ist Ihr Hund ein wenig apathisch und müde, können Sie probieren, ihn damit aus der Reserve zu locken.

Für Fellpflegeprodukte eignet es sich aufgrund des Frischeduftes ebenfalls gut, nur ist eine geringe Dosierung sehr wichtig, denn in zu hoher Tropfenanzahl könnte unter Umständen eine Hautreizung auftreten. Ich empfehle es höchstens 0,5-prozentig zu verwenden – auch damit der Geruch für den Hund nicht zu intensiv ist. In diesem Verdünnungsgrad pflegt es die Haut und wirkt adstringierend. Als zusätzliche Behandlung (neben der tierärztlichen) von Hautpilzen gemeinsam mit Thymian Ct. Linalool und Teebaum konnte ich gute Erfolge verbuchen. Als Mittel gegen Schimmelpilze im Sanitärbereich möchte ich es in meinem Hundesalon nicht mehr missen. Neben der stark pilzhemmenden Wirkung ist Lemongrass auch ein Virenkiller. In Grippezeiten kann man damit die Raumluft desinfizieren.

Es gibt mehrere *Cymbopogon*-Arten, aus denen Öl gewonnen wird.

Rezeptidee

„Weckt die Lebensgeister"-Duftmischung für Duftlampe oder Aromastream
2 Tropfen Grapefruit
2 Tropfen Bergamotte
1 Tropfen Lemongrass

Majoran

Majoran – ***Origanum majorana***
Pflanzenfamilie: Lippenblütler (Lamiaceae, Labiatae)
Gewinnung: Wasserdampfdestillation des blühenden Krautes
Duft: Krautig, würzig, süß
Vorsichtsmaßnahmen: Keine bei fachgerechter Anwendung

Der Majoran, auch „Pflänzchen Wohlgemuth" genannt, ist eine der ältesten Kulturpflanzen und ein typisches Küchengewürz – und das zu Recht, denn in der Volksheilkunde ist er für seine entkrampfende Wirkung auf das Verdauungssystem bekannt.
Die spasmolytische (krampflösende) Reaktion zeigt sich auch beim ätherischen Majoranöl. Ich verwende es gern zusammen mit Mandarine für Massagen bei Muskelverspannungen. Dieselbe Kombination eignet sich bei Bauchzwicken infolge von Verdauungsproblemen als warme Bauchkompresse.

Außerdem ist Majoranöl einsetzbar bei Verkrampfungen psychischer Art, die sich in Angst oder Schlafstörungen bemerkbar machen. Es stärkt die Psyche und beruhigt die Nerven.
Bewährte Anwendungsgebiete sind außerdem Erkältungen und Atemwegsprobleme.

Majoran ist nicht nur ein Küchengewürz, sondern wird auch viel in der Naturheilkunde angewendet.

Rezeptidee
Verdauungsfördernde Nahrungsergänzung
100 ml Olivenöl
2 Tropfen Majoran
Von diesem schmackhaften Öl können Sie Ihrem Hund ab und zu etwa 1 Teelöffel ins Futter mischen. Die Haltbarkeit im Kühlschrank beträgt etwa zwei Monate.

Achtung!
Aufgrund der stark spasmolytischen und verdauungsfördernden Wirkung darf Majoranöl nicht bei trächtigen Hündinnen verwendet werden.

Achtung!
Majoranöl (***Origanum majorana***) nicht verwechseln mit Oreganoöl (***Origanum vulgare***). Oreganoöl darf für Hunde nicht verwendet werden!

Das Öl der reifen Mandarine ist fruchtig-frisch und mild.

Mandarine rot

Mandarine – *Citrus reticulata*
Pflanzenfamilie: Rautengewächse (Rutaceae)
Gewinnung: Kaltpressung der Fruchtschalen
Duft: Süß, zitrusartig, fruchtig
Vorsichtsmaßnahmen: Fotosensibilisierung, oxidiertes Öl eventuell hautreizend

Das unwiderstehlich fruchtig-frische Öl der reifen Mandarine wird als Mandarine rot bezeichnet. Es ist aufgrund seiner Inhaltstoffe eines der mildesten ätherischen Öle überhaupt. Es ist das Kinder-Öl schlechthin, nicht nur aufgrund seines süßen Duftes. Deshalb kann es auch für Welpen oder trächtige Hündinnen verwendet werden. Auch sensible Hunde sprechen auf Mandarinenöl in niedriger Dosierung an.

Verantwortlich für die stark entkrampfende und angstlösende Wirkung ist der aromatische Ester Methylanthranilat, welcher auch in Neroli und Ylang Ylang enthalten ist. Sehr gut eignet sich Mandarinenöl, um eingeschüchterte Hunde aus der Reserve zu locken. In meiner beruflichen Praxis hat dieses ätherische Öl schon seit Langem die Stellung eines „Eisbrechers". Bei der ersten Kontaktaufnahme mit einem Hund reibe ich mir das Öl verdünnt auf meine Arme und Hände. Mit meinen zart bedufteten Händen wird dann der Neuankömmling durch Streicheln begrüßt.

Die spasmolytische Eigenschaft kann man sich aber auch bei körperlichen Krämpfen aller Art zunutze machen, beispielsweise wenn es in der Bauch- und Magengegend „zwickt" als Kompresse gemeinsam mit Majoran.

Mandarine grün ist die Essenz aus der unreifen Fruchtschale. Sein Duft ist um einiges „spritziger" als das der vollreifen, roten Mandarine.
Mandarine gelb ist äußerst selten. Hierbei handelt es sich um die Essenz der halbreifen Frucht.
Tangerine (*Citrus tangerina*) duftet noch etwas süßer und „runder" als die Mandarine und ist eine kleinere Verwandte.
Clementine (*Citrus deliciosa*) ist eine kernlose Verwandte der Mandarine mit ähnlichem Duft.

Rezeptidee

„Bauchwohl" Kompresse bei Bauchzwicken
1 Liter heißes Wasser
1 Tropfen Mandarine
1 Tropfen Majoran

Manuka

Neuseelandmyrte – *Leptospermum scoparium*
Pflanzenfamilie: Myrtengewächse (Myrtaceae)
Gewinnung: Wasserdampfdestillation der Blätter und Zweigspitzen
Duft: Medizinisch, süß, etwas penetrant
Vorsichtsmaßnahmen: Keine bei fachgerechter Anwendung

Dieses aus Neuseeland stammende ätherische Öl ist seinem Verwandten, dem australischen Teebaumöl, in seiner breitbandantibiotischen Wirkung noch überlegen. Auch als pilzhemmendes und keimtötendes Mittel steht es dem Teebaumöl um nichts nach. Demnach ist Manuka eines der effektivsten ätherischen Öle zur Wunddesinfektion. Ein selbst hergestelltes Desinfektionspray auf frische Verletzungen beugt einer Wundinfektion vor. Verantwortlich dafür sind seine antibakteriellen, entzündungshemmenden, wundheilungsfördernden und hautzellenerneuernden Inhaltsstoffe.
In der Medizin etablieren sich standardisierte Wundkompressen mit Manukahonig bereits („Medihoney"). Dies ist der von den Manukablüten gesammelte Honig. Manukahonig, innerlich wie äußerlich, wirkt zudem positiv auf die Bronchien bei Atemwegsbeschwerden.

Schon gewusst?
Beim Kauf von Manukahonig ist Sparen unangebracht. Die Bezeichnungen UMF (Unique Manuka Faktor), MGO (Methylglyoxal) oder TA (Total Activity) mit einer Zahl am Etikett kennzeichnen den therapeutischen Grad. Je höher die Zahl ist, desto antibiotischer wirkt er. Richtwerte: Spitzenqualität MGO 550, UMF 25, TA25+.

Manuka wird auch Neuseeländischer Teebaum genannt.

Rezeptidee
Desinfizierender Roll-on (1,5 %)
9 ml Rosenhydrolat
1 Tropfen Lavendel
2 Tropfen Manuka
Das Rosenhydrolat in ein 10 ml großes Roll-on-Fläschchen füllen. Die ätherischen Öle hinzugeben und vermischen. Nur punktuell verwenden!

Seine überragende antihistaminische Fähigkeit macht es zu **dem** Öl bei Juckreiz und allergischen Reaktionen auf der Haut. Unsere Hunde sind immer öfter geplagt durch Unverträglichkeiten und Allergien. Ständiges Kratzen (sogar bis zum Bluten) macht manchen Hunden und ihren Haltern das Leben schwer.
Falls Sie der eigenartige Geruch nicht allzu sehr stört, verschafft man dem Hund eine gewisse Linderung, indem man etwa 20 Tropfen Manuka einem 100-ml-Hydrolatfläschchen beimengt, schüttelt und regelmäßig damit das Fell bis zur Haut einsprüht.

Die Zitronenmelisse ist auch in der Küche vielseitig zu verwenden.

Melisse/Zitronenmelisse

Zitronenmelisse – *Melissa officinalis*
Pflanzenfamilie: Lippenblütler (Lamiaceae, Labiatae)
Gewinnung: Wasserdampfdestillation des Krautes
Duft: Mild zitrusartig
Vorsichtsmaßnahmen: Vorsicht bei Glaukom, eventuell hautreizend

Das ätherische Öl der Zitronenmelisse ist ein sehr teures Öl und wird meist im Verhältnis 10:90 in Jojoba angeboten. Obwohl die Zitronenmelisse in fast jedem Garten zu finden ist, ergibt die Ausbeute aus der Destillation nur geringe Mengen an ätherischem Öl.

Der Name leitet sich von der griechischen Bezeichnung für Honigbiene ab („Melissa"), weil Bienen von dem Duft besonders angezogen werden (Fischer-Rizzi, 2011).

Die Melisse ist eines der wirksamsten Mittel gegen Viruserkrankungen, sie beugt Ansteckung vor oder eignet sich zur Behandlung z. B. von Herpesviren.
Außerdem haben sowohl das Melissenhydrolat als auch das ätherische Öl ein stark antiallergisches Potenzial. In der Pollensaison eignet es sich wie kein anderes Öl als Trockeninhalation gegen allergische Anfälle. Wenn man Melissenöl 10:90 nimmt, kann man davon einen (!) puren Tropfen auf einem Papiertaschentuch neben das Körbchen legen.

Auch ein Raumspray, basierend auf Melissenhydrolat, stellt sich als äußerst wirksam bei gereizter Nasenschleimhaut heraus (zusammen mit Atlas Zeder und Echter Kamille).

Melissenöl weist noch eine weitere Eigenschaft auf, nämlich seinen positiven Einfluss auf das Herz (körperlich wie seelisch). Nervliche Überreizung, Angstzustände, Schlafstörungen, Herzrasen – das sind Einsatzgebiete, die auch bei Hunden auftreten.

Für Anwendungen auf der Haut ist Melissenhydrolat besser geeignet als das ätherische Öl, durch welches empfindliche Haut eventuell gereizt werden könnte.

Achtung!
Als *Melissa* ***indicum*** wird das billigere Zitronellaöl bezeichnet. Echte Melisse heißt *Melissa* ***officinalis***.

Neroli/Orangenblüte

Bitterorange, Pomeranze –
Citrus aurantium ssp. amara
Pflanzenfamilie: Rautengewächse (Rutaceae)
Gewinnung: Wasserdampfdestillation der Blüten des Bitterorangenbaums
Duft: Blumig
Vorsichtsmaßnahmen: Keine bei fachgerechter Anwendung

Der Bitterorangenbaum ist eine wahre Bereicherung für Aromabegeisterte.
Aus seinen Früchten gewinnt man das Bitterorangenöl, aus Blättern und Zweigen (folium) das Petit Grain (siehe S. 82) und seine Blüten (flos) schenken uns das zauberhafte Neroli. Kaum ein Mensch kann sich diesem zärtlich betörenden Duft entziehen und Hunde lieben es ebenso. Neben Rose und Vanille ist es meiner Erfahrung nach das Öl, das am besten von Hunden angenommen wird. In meiner Praxis steht ein kleines Orangenbäumchen, das zur Blütezeit die Hunde und mich in eine Wolke von Geborgenheit und Lebensfreude hüllt. Nicht ohne Grund wird Orangenblütenöl als „Schutzöl" bezeichnet.

Überdies ist es **das** Öl zur aromatherapeutischen Schockbekämpfung, analog zur Notfall-Bachblütenmischung. Somit stellt es eines jener ätherischen Öle dar, die man eigentlich immer und überall mit dabei haben sollte.
Es eignet sich auch prima zur Geburtsbegleitung für Hündinnen.

Neroli ist immer da angebracht, wo Angst oder Hysterie im Spiel ist. Unerlässlich ist das Orangenblütenöl in jeder Mischung zur Traumabewältigung, egal welcher Art.

Das Neroli wird aus den Blüten der Bitterorange gewonnen.

In Mischungen für „Tierschutz-Hunde" ist es ein Muss. Weitere Einsatzbereiche sind grippale Infekte und Fieber, weil es auch stark antibakteriell wirkt. Aufgrund seiner Milde darf man Neroli hierfür auch bei Welpen verwenden.

Rezeptidee
„Einstreichelung" für die werfende Mutterhündin (0,2 %)
50 ml Gelbasis
1 Tropfen Neroli 10:90
1 Tropfen Grapefruit

Palmarosa

Palmarosa – *Cymbopogon martinii*
Pflanzenfamilie: Süßgräser (Poaceae, Gramineae)
Gewinnung: Wasserdampfdestillation des Grases
Duft: Mild rosenartig
Vorsichtsmaßnahmen: Keine bei fachgerechter Anwendung

Ätherisches Palmarosaöl wird nicht aus einer Blume gewonnen, sondern aus einem tropischen Süßgras, das eng mit Zitronella und Zitronengras verwandt ist (siehe S. 98 und 76). Der herb rosenartige Duft und der ausgeprägt hautfreundliche Charakter der Inhaltsstoffe macht Palmarosaöl zu einem wunderbaren Hautöl.

Es ist hochwirksam gegen Viren, Bakterien und Pilze – weshalb es in Mischungen gegen Hautprobleme passt, aber auch in Pflegeprodukte für gesunde Haut. Eine gestörte Hautflora kommt dadurch wieder schneller ins Gleichgewicht, besonders in Kombination mit Rosengeranie und fettem Nachtkerzenöl.

Auf der psychischen Ebene bewährt sich Palmarosa bei Lust- und Mutlosigkeit bzw. jeder Art von Kummer und Trauer. Aufgrund seiner Milde eignet sich Palmarosaöl auch für Welpen.

Rezeptidee

Hautpflegespray „Rosenduft"
100 ml Rosenhydrolat
4 Tropfen Rosengeranie
4 Tropfen Palmarosa
2 Tropfen Rose 10:90

Petit Grain Bigarade

Bitterorange, Pomeranze – *Citrus aurantium ssp. amara*
Pflanzenfamilie: Rautengewächse (Rutaceae)
Gewinnung: Wasserdampfdestillation der Blätter und Zweige des Bitterorangenbaumes
Duft: Herb, „grün"
Vorsichtsmaßnahmen: Keine bei fachgerechter Anwendung

Petit Grain (franz. kleines Blatt) oder Orangenblätteröl ist eines von drei ätherischen Ölen (neben Neroli und Orange), das uns der Bitterorangenbaum schenkt. Es wird auch aus dem Mandarinen- und Clementinenbaum ein „Blätteröl" gewonnen. Am häufigsten erhältlich ist jedoch das „Bigarade" aus dem Bitterorangenbaum.

Petit Grain kann immer dann eingesetzt werden, wenn man sich körperlich oder seelisch mies fühlt. Bei Nervosität oder Angstzuständen z. B. bei der Fahrt zum Tierarzt als Autoduft oder „Einstreichelung" findet es Anwendung.

Bei allgemeinen Schwächezuständen oder zur Rekonvaleszenz nach Krankheiten oder Operationen ist es als vitalisierendes Fell- und Körbchenspray geeignet.
In fachgerechter Verdünnung schwächt sich der stark herbe Duft ab und es entwickelt sich sogar eine leicht blumige Note.

Petit Grain Mandarine (*Citrus reticulata* Blanco) weist den höchsten Gehalt des entkrampfenden Inhaltsstoffes Methylanthranilat auf (etwa 50 %). Um die stark entspannende Wirkung noch zu unterstreichen, kombiniert man es mit Neroli oder Mandarine.

Petit Grain wird nicht aus den Früchten, sondern aus den Blättern des Bitterorangenbaums gewonnen.

Schon gewusst?

Zitrusblätteröl (Petit Grain) und Orangenblütenöl (Neroli) wirken nicht fotosensibilisierend so wie die ätherischen Öle der Früchte von Zitrusbäumen (Agrumen).

Rezeptidee

Entspannungs-Duftmischung „Orangenhain" für Duftlampe oder Aromastream

2 Tropfen Mandarine rot
2 Tropfen Petit Grain Bigarade
1 Tropfen Neroli 10:90

Die Pfefferminze ist in vielen Gärten anzutreffen.

Pfefferminze

Pfefferminze – *Mentha piperita*
Pflanzenfamilie: Lippenblütler (Lamiaceae, Labiatae)
Gewinnung: Wasserdampfdestillation des blühenden Krautes
Duft: Frisch, stark minzeartig, kühl
Vorsichtsmaßnahmen: Keine bei fachgerechter Anwendung; homöopathische Antidot-Wirkung möglich

Pfefferminzöl weist eine herausragende Eigenschaft auf, die nur in wenigen ätherischen Ölen zu finden ist, nämlich einen starken Kühleffekt. Hervorgerufen wird dieser durch den Inhaltsstoff Menthol, der je nach Art der Minze verschieden hoch in der Pflanze vorkommt. Die kühlende Wirkung kann man sich zunutze machen bei Juckreiz und Brennen.

Ein Roll-on-Fläschchen mit einer 3-prozentigen Pfefferminzmischung gehört schon seit Langem zu meiner Hausapotheke. Damit werden kleine Verbrennungen, Insektenstiche- und bisse betupft. Der Juckreiz oder das Brennen vergeht innerhalb von wenigen Minuten.
Aufgrund der Hautfreundlichkeit des Öls darf es auch in höherer Dosierung auf die Haut aufgetragen werden, aber nur punktuell! Bei Hunden ist wegen des stechenden Geruchs darauf Rücksicht zu nehmen, dass man den Kopfbereich ausspart.

Sehr gut einzusetzen ist Pfefferminzöl (in Kombination mit Teebaumöl, Lavendel und Geranie) für Bäder oder Sprays **nach** Flohbefall. Die juckende, geschundene Haut des armen Vierbeiners erfährt dabei sofortige Linderung. Unterschätzen Sie aber die kühlende Wirkung bei einer Ganzkörperanwendung nicht! Bei zu hoher Tropfenanzahl kann sich starkes Frösteln einstellen. 5 Tropfen Pfefferminze in 100 ml Shampoo oder Spray genügen.

Pfefferminze ist überdies ein stark schmerzstillendes Öl, das laut Studien gleiche Wirkung bei Spannungskopfschmerz wie Paracetamol zeigt. Weitere Wirkungsweisen sind: entzündungshemmend, krampflösend und wundheilend.

Rezeptidee

Pfefferminz Roll-on für juckende Insektenstiche (3 %)

9 ml Hamameliswasser
3 Tropfen Pfefferminze
3 Tropfen Lavendel oder Teebaum
Das Hamameliswasser in ein 10 ml großes Roll-on-Fläschchen füllen. Die ätherischen Öle hinzugeben und vermischen.
Nur punktuell verwenden! Nicht im Kopfbereich verwenden!

Neben der Pfefferminze gibt es noch einige weitere Minze-Arten. Zwei davon sind für die Hunde-Aromatherapie von Bedeutung:

Bergamottminze *(Mentha citrata)*, auch Orangenminze oder Zitronenminze genannt.
Hierbei handelt es sich um ein seltenes ätherisches Öl. Es wirkt sanft für Schnupfnasen, weil es antiinfektiöse und antivirale Inhaltstoffe aufweist. Dieses Minzeöl enthält kein Menthol. Es ist sehr mild, weshalb es den Beinamen „Lavendel unter den Minzen" trägt. Überdies ist es seelisch aufrichtend bei beginnendem Winterblues, auch bei Vierbeinern. Der Duft ist eher krautig als minzeartig.

Spearmint *(Mentha spicata)* wird auch Krause Minze, Grüne Minze oder Nana-Minze genannt.
In Spearmintöl sind die für Pfefferminzöl typischen Inhaltsstoffe Menthol und Menthon nur gering enthalten. Deshalb ist es nicht kühlend und auch nicht vorrangig analgetisch. Primär eignet sich dieses Minzeöl bei Verdauungsstörungen oder Übelkeit. Auch bei Problemen mit den Atemwegsorganen leistet es gute Dienste (z. B. in Form von Trockeninhalation).
Aufgrund des frischen Duftes, den man von den Spearmint-Kaugummis kennt, und der Hautfreundlichkeit eignet sich Spearmintöl für sämtliche Fellpflegeprodukte.

Tipp

Minzeöle sind generell ein gutes Mittel gegen Reiseübelkeit, unter der viele Hunde leiden. Minzen wirken positiv auf den Magen und kühlen auf erfrischende Weise, wenn es im Auto heiß ist.

Rezeptidee

Autospray bei Reiseübelkeit (1 %)

100 ml Pfefferminzhydrolat
10 Tropfen Pfefferminze
10 Tropfen Spearmint
1 bis 2 Sprühstöße im Auto reichen aus!

Aus den wunderbaren Blüten der Damaszenerrose wird das wertvolle Öl gewonnen.

Rose

Damaszenerrose – *Rosa x damascena*
Pflanzenfamilie: Rosengewächse (Rosaceae)
Gewinnung: Wasserdampfdestillation der frischen Blüten
Duft: Blumig, typisch rosenartig
Vorsichtsmaßnahmen: Keine bei fachgerechter Anwendung

Rosenöl ist wohl neben Lavendel das beliebteste und auch am besten erforschte ätherische Öl. Als „Königin der Blumen" bezeichnet ist das wertvolle Rosenöl als ein Geschenk der Natur zu betrachten. Die Blüten der Damaszenerrose werden vor Tagesanbruch behutsam gepflückt. Für 1 kg ätherisches Öl werden etwa 5000 kg Rosenblüten benötigt. Die traditionelle Gewinnungsart ist die Wasserdampfdestillation. Es gibt aber auch ein Absolue, das mittels Extraktion gewonnen wird.

Rosenöl wirkt stark wundheilend und desinfizierend, entzündungshemmend, pilzhemmend, antiviral, lymphflussanregend, schmerzstillend und vieles mehr. Weil es eines der mildesten ätherischen Öle überhaupt ist, kann es schon für Hundewelpen verwendet werden. Selbst zur Vorbereitung der Mutterhündin auf die bevorstehende Geburt kann es hilfreich sein. Leidet die Hündin unter einer Gesäugeentzündung (Mastitis), sprüht man mit einen Mischung aus Rosenhydrolat und Rosenöl mehrmals täglich das betroffene Hautareal ein.

Eine wichtige Einsatzmöglichkeit liegt bei nervös bedingten Herzbeschwerden. Auf der emotionalen Ebene liegt seine Stärke in der stressreduzierenden Wirkungsweise. Bei Angst oder Mutlosigkeit, ja sogar in der Sterbebegleitung hat Rosenöl seinen festen Platz.

Für ein pflegendes und duftendes Fellspray braucht man nicht so viel Rosenöl, wenn die Spraybasis Rosenhydrolat ist. 2 bis 4 Tropfen (Rose 10:90 in Alkohol) in 100 ml Hydrolat reichen schon aus für ein exklusives Pflegespray.
In wundheilenden Salben z. B. auf Basis von Sheabutter sollte es angesichts der stark zellregenerierenden und entzündungshemmenden Komponente kein Luxus sein.

Rezeptidee

Mastitis-Pflegespray (0,2 %)
100 ml Rosenhydrolat
2 Tropfen Rose 10:90
1 Tropfen Manuka
1 Tropfen Cistrose 10:90
Nur sprühen, nicht einreiben! Der Brustdrüsenbereich ist im Falle einer Entzündung sehr schmerzempfindlich.

Rosengeranie

Rosengeranie – *Pelargonium graveolens*
Pflanzenfamilie: Storchschnabelgewächse (Geraniaceae)
Gewinnung: Wasserdampfdestillation der Blätter
Duft: Rosig, zitrusartig
Vorsichtsmaßnahmen: Keine bei fachgerechter Anwendung

Es gibt viele verschiedene Geranienarten, aber nur wenige eignen sich zur Gewinnung ihres ätherischen Öls. Auf der Insel Réunion bei Madagaskar wird die wohl edelste Geranienart kultiviert: Bourbon. Der typische Geranienduft ist dem der Rose ähnlich mit einer Zitrusnote. Geranienöl ist aufgrund seines erfrischenden Duftes ein tolles Öl zur Raumbeduftung. Weil Stechmücken den Geruch aber scheuen, ist es gleichzeitig auch zum Fernhalten lästiger Insekten geeignet. In Fellsprays zur Parasitenabwehr sollte es nicht fehlen.
Weil ätherisches Rosengeranienöl äußerst ausgleichend auf die Haut einwirkt, kann man es als „Hautöl" bezeichnen. Egal ob Shampoo oder Fellspray, es pflegt wirksam und zaubert überdies einen blumigen Frischeduft ins Fell.

Das Rosengeranienöl hat die Fähigkeit, Dinge, die aus dem Lot geraten sind, auszubalancieren, weshalb es auch den Beinamen „Balance-Öl" trägt. Im körperlichen Bereich wirkt es vor allem auf den Hormonhaushalt und den Hautstoffwechsel harmonisierend. Imbalance psychischer Natur wie Stress oder innere Unruhe sind ebenfalls Einsatzgebiete.
Fettes Nachtkerzenöl ergänzt sich gut mit ätherischem Geranienöl, weil beide Disharmonien ausgleichen können. Außerdem leistet Rosengeranie gute Dienste bei Viruserkrankungen der Haut wie z. B. Herpeserkrankungen.

Die Rosengeranie ist eine der wenigen Geranienarten, die sich für die Gewinnung von ätherischem Öl eignet.

Schon gewusst!
Das ätherische Öl der Rosengeranie wird aus den Blättern, nicht aus den Blüten gewonnen!

Rezeptidee
Hautpflegende Waschung (leicht parasitenabweisend)
¾ Liter warmes Wasser in einer Schüssel
100 ml Geranienhydrolat
1 Tropfen Rosengeranie
1 Tropfen Palmarosa
Einen Waschlappen mehrmals eintauchen und auswringen und das Fell des Hundes damit sanft abreiben.

Das ätherische Öl der Silbertanne eignet sich vor allem für die Behandlung von Atemwegsproblemen.

Silbertanne

Weißtanne/Edeltanne – *Abies alba*
Pflanzenfamilie: Kieferngewächse (Pinaceae)
Gewinnung: Wasserdampfdestillation der Zweigspitzen und Nadeln
Duft: Klar, frisch, waldig
Vorsichtsmaßnahmen: Oxidiertes Öl eventuell hautreizend

Die Silbertanne weist, wie die meisten Nadelbäume, stark antivirale und antibakterielle Inhaltstoffe auf. Nadelhölzer werden in der Schulmedizin als klassische Mittel bei Atemwegsproblemen eingesetzt – auch bei Hunden.
Als Raumspray, Trocken- oder Feuchtinhalation leistet es gute Dienste bei Erkältung oder (allergischem) Schnupfen. Insbesondere in Kombination mit Zitrusölen ergibt sich eine klärende und desinfizierende Raumluftreinigung. Hierfür kann man ein Taschentuch mit 1 bis 2 Tropfen auf den Heizkörper legen.

Außerdem ergeben Silbertanne und Zitrone den klarsten und reinsten Frischeduft, den man sich vorstellen kann. Müffelt das Hundekörbchen ein wenig oder riecht der Raum, in dem die Katzentoilette steht, unangenehm – der desodorierende Effekt des Silbertannenöls sorgt garantiert für Frische.

Bei geistiger Erschöpfung oder Schwächezuständen wirkt Silbertanne aufrichtend und stärkend (z. B. mit Atlas Zeder und Petit Grain). Es hilft auch, einen klaren Kopf zu bekommen und die Konzentration zu fördern (mit Zitronengras). Anwendungsbeispiele sind unmotivierte oder unkonzentrierte Hunde beim Hundesport.

Rezeptidee

Desodorierendes Raumspray (3 %)
90 ml Wasser
8 ml Absorber (optional)
30 Tropfen Silbertanne
30 Tropfen Zitrone

Der Teebaum ist eine traditionelle Heilpflanze der Ureinwohner Australiens.

Teebaum

Teebaum – *Melaleuca alternifolia*
Pflanzenfamilie: Myrtengewächse (Myrtaceae)
Gewinnung: Wasserdampfdestillation der Blätter
Duft: Medizinisch, scharf
Vorsichtsmaßnahmen: Oxidiertes Öl eventuell hautreizend – Haltbarkeit beachten!

Nachdem das australische Teebaumöl in den 1990er-Jahren weltweite Popularität erreicht hat und zahlreiche Studien und Bücher über diesen australischen „Wunderbaum" publiziert worden sind, ist der Hype mittlerweile wieder abgeflaut. Da der „Tea-Tree" als traditionelle Heilpflanze der Aborigines ausschließlich in Australien gedeiht und die Gewinnung des Öls somit quantitätsmäßig begrenzt ist, wurde der Markt bald von Pseudo-

Teebaumöl ist sehr gut hautverträglich.

Teebaum-Produkten und gestrecktem oder synthetischem Öl überschwemmt. Wen wundert es da, dass sich alsbald auch Enttäuschung darüber einstellte.
Sogar die Heimtierbranche entdeckte es und fortan gab es kein Hundeshampoo, Zeckenmittel oder Fellspray mehr ohne der Aufschrift „mit reinem Teebaumöl".
Bei einer solch inflationären Verwendung leidet naturgemäß die Qualität. Ich persönlich habe mich durch den Teebaum-Hype verschrecken lassen und das Öl jahrelang abgelehnt. Heute muss ich jedoch eine Lanze für dieses „missverstandene" Öl brechen.

Durch die erstklassige Hautverträglichkeit lässt es sich in sämtliche Fell- und Hautpflegeprodukte einarbeiten. Der gewöhnungsbedürftige Geruch ist in geringer Verdünnung, wie sie für Hundeprodukte selbstverständlich ist, gar nicht so schlimm bzw. verflüchtigt sich schnell und zurück bleibt ein frischer Fellduft. Auch lassen sich Geruch sowie Wirksamkeit durch Lavendel oder Geranie noch aufwerten.

Auch zur Parasitenprävention und -nachbehandlung ist es berechtigterweise beliebt. Juckende Insektenstiche werden schnell gelindert. Bei Hautpilzen und Schuppen darf es keinesfalls vergessen werden.

Zu guter Letzt gilt es auch noch, die sehr stark antibakterielle Wirkung hervorzuheben. Neben Manuka, Lavendel, Immortelle und Cistrose ist es Bestandteil der aromatischen Notfallmischung (siehe S. 68).

Teebaum „Rosalina" (Sumpfteebaum, *Melaleuca ericifolia*) ist eine spezielle Sorte, die weitaus blumiger im Duft ist.

Achtung!
Essenziell bei der Anwendung von Teebaumöl auf der Haut ist dessen Frische. Aufgrund seiner monoterpenreichen Inhaltsstoffe ist es das am schnellsten zu Oxidation neigende ätherische Öl überhaupt. Nach Anbruch muss es innerhalb von sechs Monaten (bei dunkler, kühler Lagerung) aufgebraucht werden. Oxidiertes Öl kann Hautreizungen verursachen.

Rezeptidee

Hundewäsche bei Haut- und Fellproblemen (0,5 %)

200 ml Shampoobasis
10 Tropfen Teebaum „Rosalina"
3 Tropfen Lavendel
4 Tropfen Geranie
3 Tropfen Palmarosa

Thymian Ct. Linalool

Echter Thymian – *Thymus vulgaris*
Pflanzenfamilie: Lippenblütler (Lamiaceae, Labiatae)
Gewinnung: Wasserdampfdestillation des blühenden Krautes
Duft: Süß, krautig, aromatisch
Vorsichtsmaßnahmen: Keine beim Linalool-Typ und fachgerechter Anwendung

Der Thymian weist sechs verschiedene Chemotypen auf. Für die „sanfte" Aromatherapie bei Hunden ist vor allem einer wesentlich: Thymian Ct. Linalool. Allen Thymian-Typen ist gemeinsam, dass sie außerordentlich „rigoros" gegen Keime und Bakterien vorgehen. Der Linalool-Typ ist zudem stark hautfreundlich, weshalb er für Kinder („Kinderthymian") und Tiere ideal ist.

Thymian ist **das** Öl zur Abwehrsteigerung und Immunstimulation. Zur Vorbeugung in Erkältungszeiten (von denen auch Hunde betroffen sind) ergänzt es sich wunderbar mit einer Schwarzkümmelöl-Kur (siehe S. 121).
Bei Hunden mit Bronchitis hilft Thymianöl als Feuchtinhalation oder Brusteinreibung (Gelbasis).
Ich musste einmal einen Hund, der unter chronischer Bronchitis leidet, baden. In das Hundeshampoo tropfte ich Thymian Ct. Linalool. Durch den aufsteigenden Thymian-Dampf und natürlich die perkutane Aufnahme des ätherischen Öls bemerkte ich schon nach wenigen Minuten eine deutliche Erleichterung seiner Atmung.
Zur dauerhaften Verbesserung chronischer Atemwegserkrankungen könnte man den Zitronenthymian in ein Fell- und Körbchenspray mischen oder einfach regelmäßig zur Raumbeduftung nutzen.

Thymianöl steigert die Abwehrkräfte.

Rezeptidee

Brusteinreibung bei Husten (0,5 %)
50 ml Gelbasis
2 Tropfen Thymian Ct. Linalool
1 Tropfen Cajeput
1 Tropfen Zirbelkiefer
1 Tropfen Atlas Zeder

Das Tonkaöl wird aus den Samen, den sogenannten Tonkabohnen, gewonnen.

Tonka

Tonkabohne – ***Dipteryx odorata***
Pflanzenfamilie: Hülsenfruchtgewächse (Fabaceae, Leguminosae)
Gewinnung: Extraktion aus den Samen (Bohnen)
Duft: Schwer, warm, delikat
Vorsichtsmaßnahmen: Keine bei fachgerechter Anwendung

Für mich ist Tonka eines der delikatesten Düfte überhaupt. In der Literatur gibt es zahlreiche Assoziationen, die den Duft beschreiben – ich finde es die perfekte Mischung aus Waldmeister und Karamell. Der verlockende Duft und die angstlösende, euphorisierende Wirkung sind auch der Grund, warum ich Tonkaöl häufig für Hunde verwende. Shampoo und Conditioner, Fellspray und Massagegel – es gibt nichts, wofür Tonka nicht geeignet ist.

Der hohe Cumarinanteil (der auch für das Waldmeisteraroma verantwortlich ist) weckt das Gefühl von Geborgenheit und Nestwärme. Ideale Ergänzungen sind Vanille, Tangerine oder Ylang Ylang.
Als lymphentstauendes, nervenberuhigendes ätherisches Öl eignet es sich auch prima für Aromamassagen.

Rezeptidee

Aromamassage „Nestwärme" (0,5 %)
50 ml Basis Massagegel
2 Tropfen Tangerine
1 Tropfen Tonkabohne
1 Tropfen Vanilleextrakt 90:10
1 Tropfen Atlas Zeder

Das Tonkaöl wirkt sich positiv auf die Psyche aus.

Tuberose

Tuberose – *Polianthes tuberosa*
Pflanzenfamilie: Agavengewächse (Agavaceae)
Gewinnung: Extraktion der Blüten
Duft: Sehr subtil, blumig
Vorsichtsmaßnahmen: Keine bei fachgerechter Anwendung

Das Tuberoseöl ist ein sehr zartes Öl und zumeist 10:90 in Jojoba verdünnt erhältlich, denn es zählt zu den exklusiveren ätherischen Ölen. Vorrangig psychisch wirksam gleicht es aus und tröstet.

Da Tuberoseöl ohnehin subtil duftet und verdünnt erhältlich ist, kann man einen Tropfen in den Handflächen verreiben und dann Kuscheldecken, Plüschtiere, Nikihalstücher usw. damit abreiben. Unsichere Hunde kann man so seelisch stabilisieren und ihr Vertrauen stärken. Einem Hund aus dem Tierschutz kann der neue Besitzer hiermit eine Hilfestellung geben, damit dieser die Vergangenheit besser hinter sich lassen kann. Tuberose gehört in jede Mischung, die der seelischen Aufrichtung dient.

Rezeptidee

Trostspendendes Körbchenspray (0,5 %)
100 ml Rosenhydrolat oder Nerolihydrolat
5 Tropfen Mandarine
2 Tropfen Tuberose 10:90
1 Tropfen Rose 10:90
1 Tropfen Neroli 10:90
1 Tropfen Vanille 10:90

Ebenso wie die Blüten der Tuberose ist auch das daraus gewonnene Öl sehr zart.

Die Vanille gehört zu den Orchideengewächsen, wie an der Blüte gut zu erkennen ist.

Vanille

Vanille – *Vanilla planifolia*
Pflanzenfamilie: Orchideengewächs (Orchidaceae)
Gewinnung: Extraktion der Schote
Duft: Typisch vanilleartig, warm, weich, süß, balsamisch
Vorsichtsmaßnahmen: Keine bei fachgerechter Anwendung

Diese kleine Schote, die wohl jeder kennt und liebt, wird vor allem auf der Insel Réunion als Bourbon-Vanille kultiviert. Damit sich das typische Aroma entwickelt, wird die Vanilleschote zuerst fermentiert. Das dunkelbraune, zähflüssige ätherische Öl (Extrakt) erhält man durch einen Alkoholauszug.

Vanilleextrakt wirkt angst- und krampflösend, stimmungsaufhellend und ausgleichend.
Hunde können sich mit dem Duft gut anfreunden. Ich bedufte beispielsweise gern die Plüschtiere meiner Hündin – es kommt mir so vor, als ob das Spielzeug dadurch noch interessanter für sie wird. Mit zartem Vanilleduft liegt man bei Hunden nie falsch.
Mit dem Fell- oder Körbchenspray (siehe folgendes Rezept) lassen sich auch Nikihalstücher und Hundedecken beduften – und ich wette, Herrchen und Frauchen haben auch ihre Freude damit.

Rezeptidee

Fell-, Körbchen- oder Raumspray (0,5 %)
100 ml Nerolihydrolat
6 Tropfen Vanille
4 Tropfen Tonkabohne

Ylang Ylang

Ylang Ylang – *Cananga odorata*
Pflanzenfamilie: Flaschenbaumgewächse (Annonaceae)
Gewinnung: Wasserdampfdestillation der frischen Blüten
Duft: Warm, süß, schwer
Vorsichtsmaßnahmen: Keine bei fachgerechter Anwendung

Die „Blume der Blumen" (= Ylang Ylang) wird vor Sonnenaufgang geerntet und mit einer mobilen Destille gleich am Feld destilliert. Mittels „Destillation in Fraktionen", die bis zu 24 Stunden dauert, gewinnt man differenzierte Ylang-Ylang-Inhaltstoffe und Duftvarietäten. Die am häufigsten erhältlichen Varianten sind „extra" und „komplett". Beide sind für die Hunde-Aromatherapie sehr gut geeignet.

Im psychischen Bereich erzielt man mit „Ylang Ylang komplett" gute Erfolge, wenn es darum geht, einem Hund das Gefühl von Geborgenheit und Sicherheit zu vermitteln. Es ist ein Öl für unsichere, ängstliche Hunde, die schwer jemandem vertrauen. „Ylang Ylang extra" wirkt auch auf den körperlichen Bereich, nämlich krampflösend und entzündungshemmend.

Aufgrund des betörenden Duftes und seiner Hautfreundlichkeit ist Ylang Ylang prädestiniert für jegliche Fellpflegeprodukte. Möchten Sie auf Hundeparfüm nicht verzichten, probieren Sie 5 Tropfen Ylang Ylang in 100 ml Nerolihydrolat oder Hamameliswasser. Das ist ein Parfüm, das auch der Hund mag.
Ins Hundeshampoo getropft bleibt diese Basisnote lange im Fell und pflegt die Haut. Es passt gut zu anderen Blütenölen wie Rose oder Neroli, aber auch zu Zitrusdüften.

Die Blüten der Ylang Ylang werden vor Sonnenaufgang geerntet.

Rezeptidee
Hundeshampoo „Gute Laune" (0,5 %)
200 ml Basisrezept Shampoo
6 Tropfen Tangerine
4 Tropfen Mandarine rot
4 Tropfen Orange süß
2 Tropfen Tonkabohne
4 Tropfen Ylang Ylang

Das Zirbenöl wird nicht nur aus den Nadeln, sondern auch aus den Zweigen und dem Holz gewonnen.

Zirbe

Zirbe/Zirbelkiefer/Arve – ***Pinus cembra***
Pflanzenfamilie: Kieferngewächse (Pinaceae)
Gewinnung: Wasserdampfdestillation von Zweigen, Nadeln und Holz
Duft: Weich, balsamisch, harzig, holzig
Vorsichtsmaßnahmen: Oxidiertes Öl eventuell hautreizend

Zirbenschnaps, Zirbenbett, Zirbenstube – das sind wohl die ersten Assoziationen zu diesem Gebirgsbaum. Er kommt vor allem im österreichischen, bayrischen und schweizerischen Alpenraum vor. Die Zirbelkiefer steht unter Naturschutz. Es dürfen nur unter kontrollierten Bedingungen die Bäume gefällt oder die Zapfen „abgeerntet" werden.

Zirbenöl ist ein typisches Atemwegsöl. Es tötet Keime in der Atemluft, stimuliert die Lungenfunktion und erleichtert somit das Atmen. Wegen des schleimlösenden und auswurffördernden Effekts wird es eingesetzt bei Bronchitis und Husten. Am besten hierfür eignet sich eine Inhalation oder Raumbeduftung. Es sind im Handel auch Zirbenkissen für Hunde erhältlich. Dies sind kuschelige Plüschkissen gefüllt mit Zirbenspänen. Ins Hundekörbchen gelegt geben die Späne ganz subtil ihre ätherischen Öle frei.
Für Hunde mit chronischen oder angeborenen Atemwegsproblemen kann dies eine dauerhafte Hilfe sein.
Die Inhaltstoffe im Zirbenöl fördern zudem nachweislich einen ruhigeren Schlaf, weil der Atemrhythmus verlangsamt wird.

Rezeptidee

Feuchtinhalation bei Husten und Atemwegsproblemen
1 Liter heißes Wasser in einer Schüssel
1 Tropfen Zirbelkiefer
1 Tropfen Thymian Ct. Linalool

Zitrone

Zitrone – *Citrus limon*
Pflanzenfamilie: Rautengewächse (Rutaceae)
Gewinnung: Kaltpressung der Fruchtschalen
Duft: Zitronig, frisch, spritzig
Vorsichtsmaßnahmen: Fotosensibilisierung, oxidiertes Öl eventuell hautreizend

Zitronenöl ist das am vielseitigsten einsetzbare Zitrusöl. Seine erhellende und spritzige Eigenschaft ist jederzeit angebracht. Unschlagbar ist es als Raumluftverbesserer zusammen mit Silbertannenöl. Jeglicher unangenehme Geruch, sei es nach nassem Hund, Zigarettenluft oder der Geruch der Katzentoilette, wird durch diese Kombination weggezaubert.

Das ätherische Öl der Zitrone kann aber durchaus mehr als Wohlgeruch verbreiten. Die Raumluft wird nicht nur olfaktorisch sauber, sondern auch von Keimen und Viren befreit. Als Fiebersenker und Immunmodulator hat es zu Recht einen festen Platz in der Aromatherapie. Zur Unterstützung der Leberfunktion kann auch bei Hunden eine Leberkompresse aufgelegt werden.

Seine nachweislich konzentrationssteigernde Wirkung kann man sich im Hundetraining oder Hundesport zunutze machen. Folgendes Spray oder Roll-on kann man auf das Halsband oder ein Halstuch auftragen:

Wie bei allen Zitrusfrüchten wird das Öl der Zitrone aus der Schale gewonnen.

Rezeptidee

Spray oder Roll-on für geistige Frische und Konzentration (0,5 %)
10 ml Geranienhydrolat in ein Zerstäuberfläschchen oder Roll-on
1 Tropfen Zitrone

Zitronella/Citronella

Zitronellagras – *Cymbopogon nardus*
Pflanzenfamilie: Süßgräser (Poaceae, Gramineae)
Gewinnung: Wasserdampfdestillation des Grases
Duft: Stark zitrusartig
Vorsichtsmaßnahmen: Vorsicht bei Glaukom, oxidiertes Öl eventuell hautreizend

Das Ilagras (Zitronellagras) gehört zu derselben Gattung wie Palmarosa (siehe S. 82) und Zitronengras (siehe S. 76). Alle diese Süßgräser sehen sehr ähnlich aus.

Das zitrusartig duftende Öl aus diesem tropischen Süßgras ist eines der preiswertesten ätherischen Öle. Aus diesem Grunde wird es oft zum „Strecken" hochpreisigere Öle verwendet wie z. B. von der Melisse.

Achtung!

Das Synonym für Zitronella ist *„Melissa indicum"*. Diese hat weder botanisch noch therapeutisch etwas mit der echten Melisse (*Melissa officinalis*) gemein.

Zitronella wird hauptsächlich zur Insektenabwehr und Lufterfrischung verwendet. Man kennt es von Insektenschutzsprays und -kerzen, die im Sommer in jedem Supermarkt erhältlich sind. Diese Produkte sind meistens mit synthetischem Öl hergestellt. Zum Schutz vor Zecken- und Milbenbefall können Sie für sich und Ihren vierbeinigen Liebling ein „natürliches" Spray herstellen.

Tipp

„Natürliche" Parasitenabwehr hält naturgemäß nur wenige Stunden an, dann haben sich die Kopf- und Herznoten der ätherischen Öle wieder verflüchtigt. Am besten einfach jeden Tag neu einsprühen – Kopfbereich aber aussparen!

Rezeptidee

Parasitenschutzspray (1 %)
100 ml Lavendel- oder Geranienhydrolat
5 Tropfen Lavendel
5 Tropfen Rosengeranie oder *Eucalyptus staigeriana*
5 Tropfen Zitronella
5 Tropfen Atlas Zeder

Die Öle von Mandarine, Grapefruit und Zitrone haben sich bei der Aromatherapie gut bewährt.

Zitrusöle (Agrumenöle)

Als Agrumenöle werden ätherische Öle bezeichnet, die aus der Schale von Zitrusfrüchten aller Art gewonnen werden. Dabei werden die Schalen der Zitrusfrüchte mechanisch so lange gepresst, bis die winzigen Öldrüsen, die sich ausschließlich in der Schale (Pericarpium) befinden, platzen. Auf diese Weise werden die kostbaren Tröpfchen der Zitrusessenz gewonnen. Diese Methode nennt man Kaltpressung.

Generell haben Zitrusöle aufgrund ihrer Inhaltsstoffe (Monoterpenreich) eine Haltbarkeit, die nach dem Öffnen auf etwa ein Jahr beschränkt ist. Oxidierte Öle können Hautreizungen verursachen, besonders in Kombination mit warmem Wasser wie z. B. beim Baden.
Da Zitrusöle zu den preiswerteren ätherischen Ölen gehören, ist es kein Luxus, sie schneller aufzubrauchen und immer wieder „frisch" nachzukaufen.
Dass Zitrusöle für Hunde nicht geeignet sind, wie es manchmal heißt, kann ich keinesfalls bestätigen. Dieser Irrtum ist wahrscheinlich in der falschen Anwendungsart z. B. durch zu hohe Dosierung oder der Nichtbeachtung der begrenzten Haltbarkeit begründet. Gerade bei dieser Familie von ätherischen Ölen ist eine unaufdringlich niedrige Dosierung umso angenehmer für Hunde.
Ein „Cocktail" diverser Agrumenöle bringt frischen Wind in jeden Hundehaushalt.

Zu den Agrumenölen gehören:
- Bergamotte (S. 64)
- Mandarine rot, grün und gelb (S. 78)
- Clementine, Tangerine (S. 78)
- Grapefruit, Pink Grapefruit (S. 71)
- Limette, Limone
- Zitrone (S. 97)
- Orange süß und bitter, Blutorange

Grundsätzlich eignen sich alle angeführten ätherischen Zitrusöle zur tierischen Aromatherapie. Die folgenden haben sich in meiner Praxis aber besonders bewährt: Bergamotte, Grapefruit, Mandarine, Tangerine und Zitrone.

Achtung!
Alle Zitrusschalenöle können die Lichtempfindlichkeit der Haut erhöhen. Dies gilt allerdings nicht für die Verwendung als Raumduft!
Achten Sie besonders beim Kauf von Zitrusölen darauf, dass Sie Bio-Öle kaufen, da Zitrusbäume häufig stark mit Pestiziden und Herbiziden behandelt werden.

Rezeptidee
„Dufte Laune" für Duftlampe oder Aromastream
1 Tropfen Mandarine rot
1 Tropfen Grapefruit
1 Tropfen Grapefruit pink
1 Tropfen Zitrone
1 Tropfen Bergamotte

Hydrolate

Geranienhydrolat

Rosengeranie – *Pelargonium graveolens*

Die Rosengeranie hat botanisch zwar nichts mit der Rose gemein, dennoch verfügt der Duft über etwas Rosenartiges. Die Besonderheit der Rosengeranie, das aus dem Gleichgewicht Gekommene wieder auszuloten, spielt auch im Hydrolat dieser „Balance-Pflanze" eine Rolle.

Wenn die Haut zu trocken oder zu fettig, das Fell zu talgig oder stumpf ist, kann eine regelmäßige Applikation von Rosengeranienhydrolat dazu beitragen, dass die Imbalance im Hautstoffwechsel wieder ins Gleichgewicht kommt. Außerdem wirkt es feuchtigkeitsspendend und juckreizhemmend.

Bereite ich einem Hund mit glanzlosem, schuppigem Fell eine Fellkur mit Tonerde, nehme ich gern Geranienhydrolat zum Anmischen. Es duftet sehr dezent und mild, weshalb die meisten Hunde es gern akzeptieren. Überdies verschafft die Rosengeranie auch einen psychischen Ausgleich. Die Atmosphäre wird entspannter, Stress wird abgebaut, die gegenwärtige Situation leichter angenommen.
Als Fellspray tut Rosengeranienhydrolat im Prinzip jedem Vierbeiner gut. Es ist haut- und fellregenerierend, duftet frisch und fördert innere Ausgeglichenheit.

Rosengeranie fördert die innere Ausgeglichenheit.

Rezeptidee

Hautregenerierende Fellpackung

100 bis 200 g Grüne Tonerde oder Heilerde
100 bis 200 ml Rosengeranienhydrolat
10 Tropfen Rosengeranie
5 Tropfen Teebaum „Rosalina"
5 Tropfen Atlas Zeder

Die Zaubernuss blüht im Winter.

Hamameliswasser

Hamamelis, Zaubernuss – *Hamamelis virginiana*

Der Hamamelisstrauch, der übrigens im Winter blüht, gehört zu den Zaubernussgewächsen, weshalb er bei uns auch unter dem Namen „Zaubernuss" bekannt ist. Das Hydrolat dieses Strauches bildet eine Ausnahme unter den Pflanzenwässern, denn es gibt kein entsprechendes ätherisches Öl dazu. Hamamelis wird rein wegen des Hydrolats destilliert.

Die Besonderheit dieses Hydrolats liegt in seiner stark adstringierenden Wirkung. Hamameliswasser wirkt zusammenziehend auf die Hautporen, überdies erzeugt es einen kühlenden Effekt. Es wirkt Hautentzündungen entgegen und ist ein idealer „Juckreizstiller", weshalb es prädestiniert ist für allergieanfällige Haut. Sollte Ihr Hund zu jenen gehören, die auf Blütenpollen mit Juckreiz und Ausschlag reagieren, können Sie die Auswirkungen dieser allergischen Reaktion mit Hameliswasser als Fellspray lindern. Genauso gut geeignet ist es als Spülung nach der Hundewäsche, die im Fell gelassen wird.

Gern verwende ich es auch bei Tieren ohne Hautprobleme als Glanz- und Pflegespray. Mein Kater liebt es beispielsweise, wenn ich die Bürste mit ein paar Sprühern Hamameliswasser benetze, bevor ich mit dem Fellbürsten beginne.

Rezeptidee

Glanzspülung mit juckreizstillendem Effekt (0,5 %)

100 ml Hamameliswasser
3 Tropfen Teebaum „Rosalina"
2 Tropfen Lavendel
3 Tropfen Rosengeranie
2 Tropfen Atlas Zeder
Nach der Hundewäsche und dem Abtrocknen gleichmäßig im Fell verteilen, danach nicht mehr auswaschen.

Klettenwurzelwasser

Große Klette – *Arctium lappa*

Aus der Klettenwurzel wird nur das Pflanzenwasser, aber kein ätherisches Öl gewonnen. Es gibt auch ein Mazerat davon.
Leider wird dieses heilsame Pflanzenwasser in der Literatur ziemlich stiefmütterlich behandelt. Ich persönlich bin von seiner Wirkung überzeugt und verwende es relativ häufig – sowohl bei meinen Tieren als auch an mir selbst.

Klettenwurzelwasser sorgt für bessere Kämmbarkeit des Fells und ist daher für Hunde mit langen oder lockigen Haaren besonders geeignet.

Gerade bei Hunden mit langem Fell, das sich leicht verfilzt, stellt es eine Hilfe beim Durchbürsten dar. Besitzer von solchen Hunderassen wissen sicher, was ich meine. Das regelmäßige Bürsten und Kämmen des Fells stellt manche Hundebesitzer hart auf die Probe. Für den Hund ist es eine Tortur, wenn sich Herrchen oder Frauchen durch das filzige Haar kämpfen müssen.
Klettenwurzelwasser ist kein Wundermittel, das einem das Bürsten erspart, jedoch hilft es, dass das Haar sich nicht so schnell wieder verwirrt. Zu diesem Zweck kann es pur als Fellspray oder als Spülung nach der Haarwäsche verwendet werden. Besonders effektiv ist es, wenn das Hundeshampoo bereits mit Klettenwurzelöl und Klettenwurzelwasser angemischt wurde.

Nicht zu vergessen ist aber auch, dass dieses Pflanzenwasser als klärendes, antibakterielles Tonikum Verwendung findet. Zusammen mit Hamameliswasser ergibt es eine Kur bei Hautproblemen aller Art.

Rezeptidee

Leichtere Kämmbarkeit nach der Hundewäsche

Für das Hundeshampoo 20 ml Shampookonzentrat und 10 ml Klettenwurzelöl in ein 200 ml großes Fläschchen geben und mit Klettenwurzelwasser auffüllen.
Nach dem Ausspülen des Shampoos und dem Abtrocknen pures Klettenwurzelwasser großzügig ins Fell einsprühen.

Lavendel erweist sich als Tausendsassa bei der Aromatherapie.

Lavendelhydrolat

Lavendel – *Lavandula angustifolia*

Die Anwendungsmöglichkeiten des Hydrolats sind beim Lavendel ebenso vielfältig wie das des ätherischen Öls. Der Lavendel ist ein Allrounder im Bereich der Fell- und Hautpflege. Hervorzuheben sind die folgenden Eigenschaften: juckreizstillend, entzündungshemmend, pilzhemmend, antibakteriell, tonisierend und hautklärend.

Dass dem Hydrolat der typische frische Lavendelduft fehlt, liegt daran, dass beim Destillationsvorgang die duftangebenden Inhaltsstoffe (Ester) ins ätherische Öl gehen und nicht ins Hydrolat. Dies ist auch der Grund, weshalb die beruhigende Wirkungsweise des Lavendelhydrolats hinter dem des ätherischen Öls liegt. Will man dem Hund eine schlaffördernde Atmosphäre bereiten, greift man besser zum ätherischen Öl als zum Hydrolat des Lavendels.

Aus Lavendelhydrolat stelle ich ein Wundreinigungsspray her, das in einem Haushalt mit mehreren Tieren immer wieder gebraucht wird. Damit behandle ich die aufgekratzten Ohren und Schnauzen meiner Tiere nach allzu wilden Raufspielen. Der Juckreiz oder das Brennen klingen danach sofort ab. Eine eventuelle Infektion kann verhindert werden.
Fürchtet sich Ihr Tier vor dem Aufsprühen, sprühen Sie zuerst in Ihre Handfläche und tragen es dann mit den Fingern auf.
Manche Hunderassen wie z. B. Windhunde fügen sich schneller als andere Hautabschürfungen zu. Hier ist es sinnvoll, wenn Frauchen oder Herrchen beim Spazierengehen das Wundreinigungsspray zur Erstversorgung mit dabei hat.

Rezeptidee

Wundreinigungsspray (1 %)

100 ml Lavendelhydrolat
7 Tropfen Manuka
5 Tropfen Lavendel
5 Tropfen Teebaum
3 Tropfen Rose 10:90

Melissenhydrolat

Melisse – *Melissa officinalis*

Das Leitmotiv des ätherischen Melissenöls, die Nervenberuhigung, ist auch auf das Hydrolat übertragbar. Oral eingenommen entfaltet sich die ausgleichende Wirkung rasch. Ein paar Sprüher ins Trinkwasser oder über das Futter können Nervosität und Nervenüberreizung sichtlich entgegenwirken. Manche Hunde – so wie mein eigener – mögen es gern, wenn sie etwas von der Hand ihres Menschen abschlecken dürfen. Auf diese Weise kann man Melissenhydrolat (bzw. auch andere Hydrolate oder Pflanzenöle) dem Hund oral verabreichen, z. B. wenn der Hund nicht schlafen kann, in einer Stresssituation wie vor Autofahrten oder wenn der Hund nach dem Spiel nicht zur Ruhe kommt.

Eine weitere sehr wichtige Eigenschaft des Melissenhydrolats ist die der Linderung von Allergien. Inhaltsstoffe in ätherischem Melissenöl sowie im Pflanzenwasser wirken antihistaminisch und lindernd auf die Schleimhäute. Viele Hunde leiden im Frühling unter allergiebedingtem Tränenfluss, ausgelöst durch Blütenpollen. Wenn man Melissenhydrolat (ohne Alkohol!) auf ein Taschentuch gibt und sanft über das Auge tupft, mildert man die Überreizung des Auges und beseitigt gleichzeitig Augensekret. Diesbezüglich ergänzt es sich übrigens gut mit Hamameliswasser für Fellsprays oder bei der Hundewäsche. Außerdem kann es gleichzeitig, wie oben angeführt, innerlich gegeben werden.

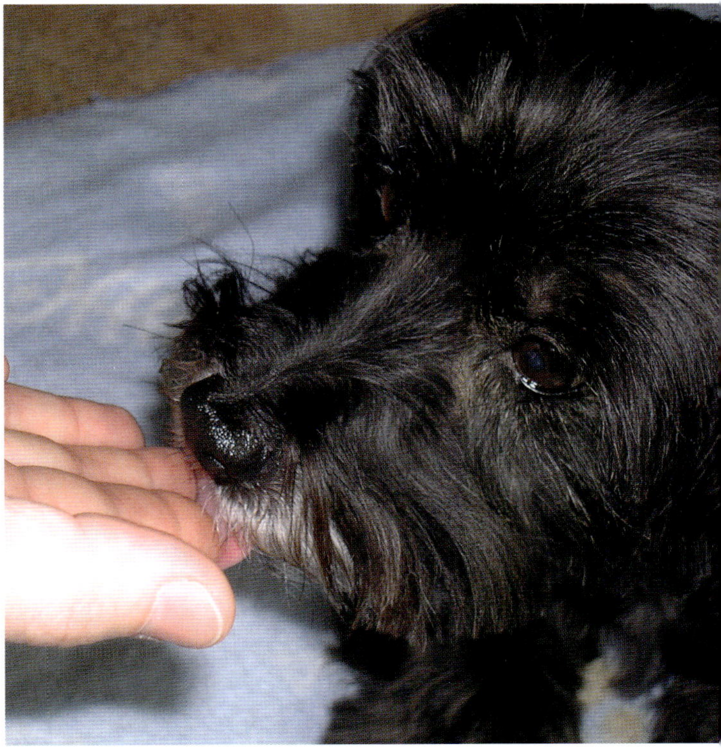

Die meisten Hydrolate dürfen oral verabreicht werden.

Zuletzt sei noch ein weiterer Einsatzbereich von Melissenhydrolat erwähnt, nämlich die stark antivirale Eigenschaft. So setzt man Melissenhydrolat bei Herpesviren als Hausmittel zur medizinischen Begleitung ein – genauso kann man es bei Vierbeinern machen.

Nerolihydrolat wirkt bei traumatisierten Hunden stimmungsaufhellend.

Nerolihydrolat/Orangenblütenhydrolat

Bitterorange, Pomeranze – *Citrus aurantium*

Ein Duft, der herb und süß zugleich ist, wird gewonnen aus den Blüten des Bitterorangenbaumes. Der stimmungsaufhellenden Wirkung des ätherischen Neroliöls steht das Hydrolat in keinster Weise nach. Im Raum versprüht kann sich niemand der Leichtigkeit, die es vermittelt, entziehen. Neroli hebt die Laune und tröstet bei Verstimmungen. Wenn Hunde traurig oder bedrückt sind, beispielsweise weil sie allein bleiben müssen, hilft es ihnen vielleicht ein wenig, wenn sie Orangenblütenwasser auf ein Hundehalstuch bekommen.
Auch als Körbchenspray wird es gut angenommen, weil es mild und unaufdringlich riecht. Probieren Sie es einmal als „Einstreichelung" bei Hunden eventuell abwechselnd mit Rosenhydrolat.

Mit Orangenblütenwasser können Traumen seelischer Art besser verarbeitet werden. Ich empfehle deshalb sowohl das Hydrolat als auch das ätherische Öl des Bitterorangenbaumes für Hunde aus dem Tierschutz oder misshandelte Tiere.

Nach einer Geburt können die Mutterhündin und die Welpen damit „eingestreichelt" werden, um den Geburtsschock zu bewältigen. Auch dieses Hydrolat kann dem Hund, wenn er es möchte, aus der Handfläche oral gegeben werden.

Weil Nerolihydrolat auch hautpflegend und feuchtigkeitsspendend ist, eignet es sich wie das Rosenhydrolat zum universellen Einsatz. Auch dieses Hydrolat würde ich als Alternative zu künstlichem Hundeparfüm empfehlen.

Rezeptidee

Duft-Spülung

Ein paar Spritzer Nerolihydrolat nach der Hundewäsche ins Fell geben, kurz einwirken lassen, abtrocknen – fertig.

Pfefferminzhydrolat

Pfefferminze – *Mentha piperita*

Das Charakteristikum sämtlicher aus der Pfefferminze gewonnener Produkte ist die kühlende Wirkung. Im Sommer leiden besonders langfellige und dunkelfarbige Hunde extrem unter der Hitze. Mit Pfefferminzhydrolat kann man seinen Hund ruhig großzügig einsprühen. Im Gegensatz zu ätherischem Pfefferminzöl kann es nicht zu stark kühlen.

Vom Geruch her würde ich Pfefferminzhydrolat eher als „fad" bezeichnen. Die frische Duftkomponente geht beim Destillieren nicht ins Hydrolat über. Es gibt ein überaus erfrischend duftendes Minzcuvee-Hydrolat einer deutschen Manufaktur, in der mehrere Minzearten vereint destilliert werden. Auch das sehr seltene Nanaminze-Hydrolat ist dort erhältlich (siehe Anhang).
Für die innerliche Abkühlung gebe ich meinem Hund im Hochsommer Minzehydrolat ins Trinkwasser
(etwa 1 Teelöffel = 15 Sprühstöße auf 1 Liter Wasser).

Pfefferminzhydrolat weist natürlich auch einen belebenden Effekt auf. Es wirkt erquickend und aktivierend. Bedenken Sie jedoch immer den leicht kühlenden Charakter, weshalb ich von der übermäßigen Verwendung zur kalten Jahreszeit abrate.

Im Sommer sorgt Pfefferminzhydrolat besonders bei dunklen und langhaarigen Hunden für Kühlung.

Zu guter Letzt ist Pfefferminzhydrolat aufgrund der juckreizstillenden und entzündungshemmenden Wirkung ideal bei Insektenstichen oder kleinen Verbrennungen. Es wird dann entweder aufgesprüht oder für eine Kompresse verwendet.

Achtung!

Egal welches Hydrolat Sie Ihrem Hund ins Trinkwasser geben, stellen Sie immer noch zusätzlich reines Wasser zur Verfügung. Manche Hunde wollen, sobald ihr Trinkwasser nicht mehr nach reinem Wasser riecht, gar nicht mehr trinken, aber die regelmäßige Wasseraufnahme muss stets gewährleistet sein.

Rezeptidee

Kühl-Kompresse bei Insektenstichen und -bissen

Pfefferminzhydrolat oder Minzcuvee-Hydrolat auf ein (Papier-)Tuch sprühen, bis es gut durchnässt ist, auf die betroffene Körperregion auflegen und 5 bis 15 Minuten drauflassen. Das Ganze mehrmals wiederholen.

Rosenhydrolat

Damaszenerrose – *Rosa damascena*

Rosenhydrolat ist für mich zu einem unverzichtbaren Teil meines privaten und beruflichen Lebens geworden. Seine Wirkungsweise ist universell und unentbehrlich, der Duft unvergesslich.
Rosenhydrolat duftet aus einem bestimmten Grund mehr nach Rosen als das ätherische Öl. Der Inhaltstoff Phenylethanol ist ein wasserlöslicher Bestandteil, der bei der Destillation somit in das Kondenswasser, also das Hydrolat, übergeht.

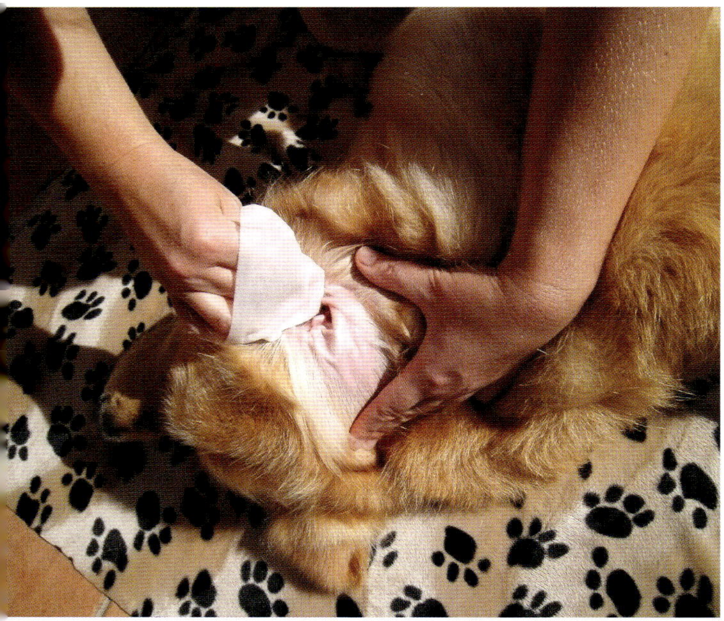

Rosenhydrolat eignet sich sehr gut zur Pflege und zum Säubern der Ohren.

Zur Pflege und zum Sauberhalten von Augen, Ohren und Pfoten sollte es jeder Hundebesitzer zu Hause haben. Die hautpflegende Wirkung ist unumstritten. Hinzu kommt, dass Rosenhydrolat äußerst entzündungshemmend und sogar leicht lokalanästhetisch wirkt.

Bei vielen Hunden sind die Ohren ein „wunder Punkt". Hunde mit schweren langen Ohrlappen (z. B. Spaniel) oder auch Hunde, die gern im Wasser herumtoben (z. B. Labrador Retriever), haben oft mit (chronischen) Ohrenproblemen zu kämpfen. Wenn Feuchtigkeit im Innenohr zurückbleibt, weil es nicht ganz trocknen kann, fängt sich der Hund schnell eine Entzündung ein. Waschungen mit Rosenhydrolat können gute Resultate erzielen. Ein Taschentuch mit dem Hydrolat nasssprühen, dann sanft das Ohr damit säubern. Danach bei jeder Gelegenheit den Ohrlappen zurückklappen, damit es gründlich trocknen kann. Eventuell mit Rotlicht bestrahlen.
Ich habe es mir zur Angewohnheit gemacht, jedem Hund, egal ob anfällige Ohren oder nicht, den Gehörgang mit Rosenhydrolat zu reinigen. Bei meinen Hausbesuchen gehört Rosenhydrolat im Sprühfläschchen plus eine Packung Kosmetiktücher zur Standardausrüstung. So mancher Hundebesitzer hat mich schon darum gebeten, ihm beim nächsten Mal ein Fläschchen für ihn selbst mitzubringen (ob für sich oder den Hund ist nicht bekannt).

Weitere Anwendungsgebiete: zum Pfotenwaschen, bei entzündetem Anal- oder Intimbereich, zum Abwaschen verkrusteter Augenrinnen, bei sämtlichen Abschürfungen und kleinen Verletzungen, zur Pflege von Liegeschwielen und Ähnlichem. Auch Welpen können damit gepflegt werden.

Bei der Ohrenpflege mit Rosenhydrolat hilft zusätzlich eine Bestrahlung mit Rotlicht.

Für Hundehalter, die auf Hundeparfüm nicht verzichten wollen: Rosenhydrolat duftet angenehm für den Menschen **und** den Hund. Rosenhydrolat eignet sich generell zum Anmischen und „Selbstrühren" jeglicher Kosmetik- und Pflegeprodukte, ob für Zwei- oder Vierbeiner. Ob zum Anmischen von Shampoo oder Conditioner oder als abschließende Spülung – der milde blumige Duft ist nie aufdringlich.

Achtung!

In Apotheken darf destilliertes Wasser, versetzt mit synthetischem Rosenöl, als „Rosenwasser" verkauft werden. Dieses ist nicht für Heilzwecke geeignet, genauso wenig wie das Rosenwasser in Lebensmittelqualität für Marzipan und Desserts. Beziehen sie Rosenhydrolat nur bei vertrauensvollen Aromatherapie-Firmen und ausschließlich **ohne** Alkohol!

Pflanzenöle

Egal ob als Nahrung oder für die Haut- und Fellpflege – fette Pflanzenöle werden in **Basisöle** (Trägeröle), **Wirkstofföle** und **Mazerate** eingeteilt.
Wirkstofföle werden dem Basisöl zu 10 % beigemischt, um die erwünschte Wirkung noch zu spezifizieren. Mazerate sind Auszüge heilkräftiger Pflanzen in Pflanzenöl.

Arnikamazerat

Arnika – *Arnica montana*
Pflanzenfamilie: Korbblütengewächse (Asteraceae, Compositae)
Gewinnung: Kaltmazeration – Auszug der Blüten in Pflanzenöl
Anwendungsart: Äußerlich
Haltbarkeit: Etwa zwei Jahre
Vorsichtsmaßnahmen: Vorsicht bei Allergie gegen Korbblütler

So manches Herrchen oder Frauchen hat die Vorzüge der Arnika sicherlich schon kennengelernt, wenn man sich eine Prellung, Quetschung oder Verstauchung zugezogen hat. Als „Pflanze für Sportverletzungen" ist Arnika Bestandteil zahlreicher Arzneimittel und Homöopathika.

Unseren Hunden hilft die leicht schmerzlindernde und erwärmende Wirkung von Arnikaöl ebenso. Es ist geradezu prädestiniert bei stumpfen Verletzungen. Durch die hyperämisierende und entzündungslindernde Eigenschaft kann es auch für die sanfte Einreibung rheumatischer und arthritischer Gelenke verwendet werden. Das ätherische

Arnika hilft bei Zerrungen und Quetschungen.

Öl der Immortelle ergänzt die Wirkung der Arnika hervorragend, ebenso die Bachblüten-Notfallmischung.

Man sollte jedoch beachten, dass sich Arnikamazerat nicht für die Versorgung von offenen Wunden eignet. Ebenso ist davon abzuraten, es innerlich anzuwenden. Allergieanfällige Haut oder Hautkrankheiten sollten nicht mit Arnika behandelt werden.

Zur Ölgewinnung werden die getrockneten Früchte kalt gepresst.

Calophyllumöl/Tamanuöl

Calophyllum inophyllum
Pflanzenfamilie: Clusiaceae
Gewinnung: Kaltpressung der getrockneten Früchte
Anwendungsart: Äußerlich
Haltbarkeit: Etwa zwei Jahre
Vorsichtsmaßnahmen: Keine bei fachgerechter Anwendung

Das Calophyllumöl stellt eine Besonderheit unter den fetten Pflanzenölen dar. Es weist nämlich etwa 14 bis 20 % Harze im Öl auf. Den etwas streng-nussigen Geruch schätzt man erst, wenn man die starke Heilwirkung kennengelernt hat.
Zur Abheilung von Narben (z. B. Operationsnarben) oder Wunden ist es ein Muss, besonders wenn die Wunde schlecht heilt oder eitrig ist. Calophyllumöl stimuliert die Beseitigung von geschädigtem Gewebe durch sogenannte Fresszellen (Phagozytose) und wirkt vorbeugend gegen entzündliche Prozesse. Weil es ein etwas „klebriges" Öl ist, kann man es mit einem klassischen Basisöl/-fett mischen (z. B. Sheabutter).

Ich selbst habe nach einer Operation meine Narben erfolgreich damit behandelt, deshalb empfehle ich jedem Hundebesitzer nach der Kastration oder anderen Operationen seines Hundes, die Wundnaht damit sanft zu betupfen. Hunde knabbern gern an der Naht herum, weil es sie stört und eventuell schmerzt. Dabei besteht die Gefahr der Selbstverletzung und einer Infektion. Wenn sie die Wundnaht mit Calophyllumöl behandeln, achten Sie bitte darauf, dass der Hund nicht gleich alles herunterschleckt.

Eine weitere Qualität weist dieses Öl als haarglanzförderndes Mittel auf. Als Fellpackung vermischt mit Oliven- oder Klettenwurzelöl bzw. ins Hundeshampoo gemischt verleiht es dem Hundefell einen seidigen Glanz.

Rezeptidee

Glanzshampoo (0,5 %)
190 ml Shampoobasis
10 ml Calophyllumöl
10 Tropfen Rosengeranie
5 Tropfen Tangerine
5 Tropfen Ylang Ylang

Johanniskrautmazerat/Rotöl

Echtes Johanniskraut – *Hypericum perforatum*
Pflanzenfamilie: Hartheugewächse (Guttiferae, Hyperiaceae)
Gewinnung: Ölauszug von Blüten und Knospen
Anwendungsart: Äußerlich
Haltbarkeit: Etwa zwei Jahre
Vorsichtsmaßnahmen: Fotosensibilisierung möglich, das heißt nach der Anwendung direktes Sonnenlicht meiden

Die Verwendung von Johanniskrautöl ist tief verankert in der mitteleuropäischen Naturheilkunde. Egal ob traditionell in Olivenöl eingelegt (die erwärmende und schmerzstillende Wirkung wird dadurch noch verstärkt) oder in anderen Pflanzenölen ausgezogen erweist es sich immer wieder als Helfer in der Not. Anwendungsbeispiele sind Arthrose, Bandscheibenprobleme oder Muskelverspannungen. Leidet ein Hund unter starker Arthrose oder Bandscheibenschmerzen, sollte das „Ölige" kein Hindernis darstellen, um die schmerzenden Stellen mit Johanniskrautöl zu behandeln.

Achtung!

Nach Anwendung dieses Mazerates ist starke UV-Strahlung zu vermeiden. Das gilt vor allem für Hunde mit kurzem oder kurz geschorenem bzw. weißem Fell (das sich außerdem dadurch rot färben kann).

Ein weiterer Vorzug des Johanniskrautes ist seine ausgleichende Wirkung auf die Nerven. Das geht sogar so weit, dass es als pflanzliches Antidepressivum gilt. Zurückzuführen ist diese Wirkung auf den Bestandteil Hypericin,

Johanniskraut wird in vielen Bereichen der Naturheilkunde verwendet.

der auch für die Rotfärbung des Öls verantwortlich ist. Es gibt ein ätherisches Johanniskrautöl, das selten erhältlich und teuer ist; dieses könnte man bei einer stimmungsaufhellenden Mischung zugeben.

Rezeptidee

Selbst zubereitetes Johanniskrautöl

Etwa 300 g Blüten und Blütenknospen in ein Einmachglas geben, mit 1 Liter Pflanzenöl übergießen (Olivenöl, Sesamöl oder Rapsöl). Einen Monat ins Tageslicht stellen (direkte Sonne vermeiden, da das sich bildende Kondenswasser die Qualität des Mazerates beeinträchtigen kann). Danach durch einen Filter in eine dunkle Flasche abgießen und kühl aufbewahren. Haltbarkeit etwa ein Jahr.

Kakaobutter ist ein guter Konsistenzgeber.

Kakaobutter

Kakaobaum – *Theobroma cacao*
Pflanzenfamilie: Kakaobaumgewächse (Sterculiaceae)
Gewinnung: Kaltpressung aus den gerösteten Samen der Kakaobohne
Anwendungsart: Wirkstofffett, innerlich und äußerlich
Haltbarkeit: Etwa zwei Jahre
Vorsichtsmaßnahmen: Keine bei fachgerechter Anwendung

Wenn man Kakaobutter hört, denkt man gleich an Schokolade und Pralinen. Tatsächlich duftet und schmeckt dieses Fett ganz zart danach, weshalb es auch sehr gut kulinarisch verwendet werden kann – auch für Hunde. Von der Konsistenz her sehr hart, schmilzt Kakaobutter bei 35 °C bzw. Hauttemperatur.

Meistens findet Kakaobutter Verwendung als Konsistenzgeber in Cremes und Salben. Aber auch allein verwendet ist ihr hautpflegender Charakter nicht zu vernachlässigen. Trockener und verhornter Haut verleiht sie mehr Elastizität und verkittet kleine Hautrisse. Auch bei der Wundpflege spielt Kakaobutter eine wesentliche Rolle. Somit sollte sie fester Bestandteil von Cremes und Salben für die Wundbehandlung oder bei Liegeschwielen sein.

Rezeptidee

Wundsalbe bei rauen Pfoten, Liegeschwielen, zur Narbenpflege (0,5 %)
100 ml Basisrezept (Pfoten-)Balsam mit Kakaobutter und Nachtkerzenöl
3 Tropfen Lavendel
3 Tropfen Teebaum
2 Tropfen Manuka
2 Tropfen Rose 10:90

Kakaobutter wird von Hunden gern genommen.

Klettenwurzelöl

Große Klette – *Arctium lappa*
Pflanzenfamilie: Korbblütengewächse (Asteraceae, Compositae)
Gewinnung: Mazeration der Wurzeln
Anwendungsart: Äußerlich
Haltbarkeit: Etwa ein Jahr
Vorsichtsmaßnahmen: Keine bei fachgerechter Anwendung

Das leider selten erhältliche Mazerat aus der Klettenwurzel hat zu Recht in den letzten Jahren einen guten Ruf als Haut- und Haaröl bekommen. Klettenwurzelöl verhilft dem Fell zu gesundem Wachstum, wenn dieses schütter oder stumpf geworden ist. Bei entzündeter oder irritierter Haut, bei Schuppen oder Juckreiz empfiehlt es sich, das Öl entweder allein oder mit einem passenden Basisöl (z. B. Kokosöl) als Kur aufzutragen.
Praktisch finde ich so eine Kur vor der Hundewäsche, damit man das Öl nach der Einwirkzeit wieder aus dem Fell waschen kann. Noch einfacher ist es, ein paar Tropfen dieses Wirkstofföls ins Hundeshampoo zu geben, dann ein wenig einwirken zu lassen und auszuspülen. Regelmäßig angewendet wird das Fell wieder kräftiger und bekommt neuen Glanz.

Rezeptidee

Schuppenkur (1 %)
10 ml Klettenwurzelöl
90 ml Kokosöl
10 Tropfen Rosengeranie
5 Tropfen Lavendel
5 Tropfen Teebaum Rosalina

Das Klettenwurzelöl wird aus den Wurzeln durch Mazeration gewonnen.

Die Ölmischung vor der Hundewäsche ins Fell des Hundes einmassieren. Wenn möglich unter Wärmeeinwirkung (Rotlicht) 10 bis 30 Minuten einwirken lassen. Mit Shampoo auswaschen. Die Kur mehrmals wiederholen (etwa zweimal pro Woche).

Hunde lieben das gesunde Kokosfett.

Kokosöl

Kokosnuss – *Cocos nucifera*
Pflanzenfamilie: Palmengewächs (Arecaceae)
Gewinnung: Kaltpressung des getrockneten Fruchtfleisches der Kokosnuss
Anwendungsart: Basisöl, innerlich und äußerlich
Haltbarkeit: Etwa zwei Jahre
Vorsichtsmaßnahmen: Keine bei fachgerechter Anwendung

Kokosfett wird dieses Öl nur bei uns genannt, denn in seiner tropischen Heimat ist seine Konsistenz immer flüssig (Schmelzpunkt bei 25 °C). Natives Kokosöl enthält alle wichtigen Fettbegleitstoffe, weil es schonend gewonnen wurde. Den höheren Preis muss man in Kauf nehmen, um die ausgezeichneten hautpflegenden und kulinarischen Eigenschaften genießen zu können.

Kokosöl eignet sich prinzipiell für jeden Hauttyp und jede Fellart. Da es schnell einzieht und die Haut vor Feuchtigkeitsverlust schützt, kann es für spröde, trockene Hautstellen (Liegeschwielen, Pfotenballen) äußerst nährend sein. Aufgrund des leicht kühlenden Effektes eignet es sich idealerweise zur Behandlung geröteter Stellen, wenn z. B. Pfotenballen durch das Laufen auf brennend heißem Asphalt im Sommer gerötet sind.
Die enthaltene Laurinsäure soll zudem, innerlich wie äußerlich verwendet, abschreckend auf Zecken wirken.

Hunde lieben den Geschmack – ein Löffelchen Kokosfett zum Abschlecken empfindet jeder Hund als kulinarisches Highlight.
Regelmäßig gefüttert wird so der Stoffwechsel angekurbelt und der Cholesterinwert ausgeglichen. Durch sein Fettsäuremuster, im Speziellen die Laurinsäure, wird kein Fett abgelagert, das heißt, Ihr Hund kann von gelegentlichem Kokosöl-Naschen nicht dick werden.

Tipp

Gönnen Sie Ihrem Liebling ab und zu eine Delikatesse: Einen Klecks (= etwa 1 Teelöffel, bei großen Hunden etwas mehr) Kokosöl oder Kokosfett auf dem Futter lässt bei schlecht essenden Hunden schnell Appetit aufkommen.

Leinsamenöl/Leinöl

Lein – ***Linum usitatissimum***
Pflanzenfamilie: Leingewächse (Linaceae)
Gewinnung: Kaltpressung aus den Samen
Anwendungsart: Vor allem innerlich, auch äußerlich
Haltbarkeit: Etwa zwei Monate, oxidiert rasch (bitterer Geschmack)
Vorsichtsmaßnahmen: Keine

Im botanischen Namen des Leins steckt schon der Hinweis auf seine Vielseitigkeit: „usitatissimum" meint „universell nutzbar". Altbewährt sind Leinsamen mit ihrem hohen Schleimanteil bei Magen-Darm-Problemen. Durch die hohe Quellfähigkeit wird die Schleimhaut geschützt und der Abtransport des Darminhaltes gefördert.
Aus den im Stängel befindlichen Fasern wird Leinen hergestellt.

Das Leinöl beinhaltet die dreifach ungesättigte Alpha-Linolensäure, die mit einem so hohen Anteil in keinem anderen Pflanzenöl zu finden ist.

Weil es die Blutgefäße erweitert und die Fließeigenschaft des Blutes fördert, ist es insbesondere zur „Gefäßpflege" einsetzbar. Somit kann man mit einem Teelöffel Leinöl jeden Tag schon vom Welpenalter an Herz-Kreislauf-Erkrankungen vorbeugen.

Erwiesen ist außerdem die positive Wirkung auf die Nierentätigkeit. Dies beobachte ich schon seit vielen Jahren an einer Hündin mit diagnostizierter Niereninsuffizienz. Ebenso eignet sich Leinöl als Nahrungsergänzung für Katzen. Gerade bei Katzen besteht ein erhöhtes Risiko an Nierenerkrankungen.

Somit bietet Leinöl eine wichtige Grundlage in der Gesunderhaltung des Nierentrakts unserer Haustiere.

Die Flachspflanze, aus der Leinöl hergestellt wird, wird in den letzten Jahren in Österreich und Deutschland wieder vermehrt kultiviert. Ich plädiere dafür, regionale Pflanzenöle wie Lein-, Leindotter- und Hanföl von Landwirten und kleinen Ölmanufakturen in der Umgebung zu beziehen.

Schon gewusst!

Leindotter- oder Camelinaöl ist botanisch nicht mit dem Leinöl verwandt. Es beinhalten aber beide die wertvolle Alpha-Linolensäure.

Leinsamen und Leinöl sind vielseitig einsetzbar.

Bei der Nachtkerze öffnen sich die Blüten erst in der Nacht – daher der Name.

Nachtkerzenöl

Gewöhnliche Nachtkerze – *Oenothera biennis*
Pflanzenfamilie: Nachtkerzengewächse (Onagraceae)
Gewinnung: Kaltpressung aus den Samen
Anwendungsart: Wirkstofföl, innerlich und äußerlich
Haltbarkeit: Etwa zwei Monate
Vorsichtsmaßnahmen: Keine bei fachgerechter Anwendung

Außergewöhnlich an der Nachtkerze ist, dass sie ihren zarten Duft erst in der Nacht frei gibt, wenn sich die Blüten öffnen. Das Öl dieser aus Nordamerika stammenden Pflanze wird jedoch aus den Samen gewonnen.

Hauptsächliche Wirkungsweise des Nachtkerzenöls ist es, körperliche und psychische Imbalance auszugleichen. Verantwortlich dafür ist die Gamma-Linolensäure, die nur in wenigen Pflanzen vorkommt (wie in Johannisbeersamen- und Borretschsamenöl). Hormonelles Ungleichgewicht wird durch die regelmäßige Einnahme positiv beeinflusst. Ausgleichende Wirkung zeigt die mehrfach ungesättigte Fettsäure ebenso bei Hautproblemen oder Ungleichgewicht psychischer Art wie Nervenüberreizung und Stimmungsschwankungen. Aus diesem Grunde ergänzt sich Nachtkerzenöl prima mit ätherischem Geranienöl.

Generell ist Nachtkerzenöl das Beste bei Hautproblemen. *„Es reguliert den Zellstoffwechsel, die Talgdrüsenproduktion, die Elastizität und Regeneration der Haut"* (von Braunschweig/Werner, 2006). Sehr gute Erfolge gibt es bei Neurodermitis zu erzielen. Außerdem lindert es Juckreiz und Hautentzündungen.

Will man Nachtkerzenöl pur auf die Haut auftragen, mischt man es mit einem Trägeröl, z. B. Olivenöl, im Verhältnis 1:10.
Es kann dem Hund auch innerlich verabreicht werden, indem man es zum Abschlecken gibt z. B. aus der Hand oder ins Futter.
Besonders empfehlenswert ist Nachtkerzenöl für Hündinnen, die gerade geworfen haben, damit die Hormone wieder schneller ins Lot kommen. Verliert die Mutterhündin ihr Fell, eignet sich eine innerliche und äußerliche Gabe. Die Auswirkung auf die Muttermilch für die Welpen ist dabei von positiver Natur.

Tipp
Da Nachtkerzenöl zu den am wenigsten lange haltbaren Ölen zählt, sollte es nach Anbruch immer kühl gelagert und schnell aufgebraucht werden. Praktisch sind Ölkapseln, die man bei Gebrauch einfach aufsticht.

Niemöl/Neemöl

Niembaum – ***Azadirachta indica***
Pflanzenfamilie: Mahagonigewächse (Meliaceae)
Gewinnung: Kaltpressung aus den Samen
Anwendungsart: Wirkstofföl, äußerlich
Haltbarkeit: Etwa zwei Jahre
Vorsichtsmaßnahmen: Keine

Vorausgesetzt, Herrchen, Frauchen und Hund ertragen den strengen Geruch, gibt es kein wirkungsvolleres Öl bei Schuppen, Juckreiz oder Hautpilz. Das Öl wird aus den Samen des indischen Niem- oder Neembaumes gepresst. Die stark pilzhemmende und antibakterielle Eigenschaft ist unbestritten. Hunden mit juckenden, schuppenden Hautproblemen tut eine Fellkur mit diesem (nach gerösteten Zwiebeln riechenden) Öl sehr gut. Wäscht man das Öl nach einer Einwirkzeit von mindestens 15 Minuten mit Hundeshampoo wieder aus, ist der strenge Geruch gemildert.

Eine weitere Eigenschaft des Neemöls ist es, die hormonelle Entwicklung von Schädlingen so zu beeinflussen, dass diese nicht mehr fähig sind sich fortzupflanzen. Verantwortlich dafür ist der Inhaltsstoff Azadirachtin, der aber für Mensch und Säugetier vollkommen ungefährlich ist. Aus diesem Grund findet man Neemöl oder -extrakt häufig in parasitenabweisenden Hundepflegeprodukten.

Ich verwende Neemöl vor, bei und nach Parasitenbefall. Es ist förderlich zur Milben- oder Flohprophylaxe, tötet die Insekten ab, wenn bereits Befall vorhanden ist, und lindert den Juckreiz nach der erfolgreichen Parasitenbekämpfung. Übrigens kann man damit auch Pflanzenläuse beseitigen.

Das Öl aus den Samen des Niembaums hat einen etwas strengen Geruch.

Rezeptidee

Juckreizstillende Fellkur bei Parasitenbefall (1 %)
90 ml Kokosöl
10 ml Neemöl
5 Tropfen Teebaum
5 Tropfen Lavendel
5 Tropfen Geranie
5 Tropfen Atlas Zeder
Die Kur vor der Hundewäsche gut ins Fell massieren.
15 bis 30 Minuten einwirken lassen und anschließend – eventuell zweimal – mit Hundeshampoo auswaschen.

Das gesunde Olivenöl wird durch Kaltpressung aus den Früchten gewonnen.

Olivenöl

Ölbaum, Olive – *Olea europaea*
Pflanzenfamilie: Ölbaumgewächse (Oleaceae)
Gewinnung: Kaltpressung aus dem Fruchtfleisch der Olive
Anwendungsart: Basisöl, innerlich und äußerlich
Haltbarkeit: Etwa ein Jahr
Vorsichtsmaßnahmen: Keine

Olivenöl hat eine lange Tradition als gesundes Lebensmittel und zur Pflege. Da der Geschmack des Olivenöls auch bei Hunden gut ankommt, ist es für den Halter ein Leichtes, dem Hund damit etwas Gesundes zukommen zu lassen. Egal ob ins Futter gemischt oder einfach in ein Schälchen zum Aufschlabbern wirkt sich dieses wertvolle Öl positiv auf die Verdauung und das Herz-Kreislauf-System aus. Olivenöl besteht bis zu 75 % aus Ölsäure, die für eine leichte Senkung des Blutfettspiegels verantwortlich ist.

Auf der Haut hat es leicht erwärmende Eigenschaften, weshalb es sich sehr gut zur Massage oder Einreibung bei Gelenksproblemen und Muskelverspannungen eignet. Eine besondere Synergie geht es als Mazerat mit Johanniskraut ein: Die schmerzlindernde und erwärmende Wirkung verstärkt sich dann noch z. B. bei Bandscheibenproblemen oder zur Massage bei Arthrose.

Natürlich pflegt das Olivenöl die Haut auch hervorragend und kann als Fellkur vor der Wäsche mit Shampoo verwendet werden. Das Fell wird genährt und glänzt danach gleich viel schöner.

Tipp

Im Handel gibt es unübersichtlich viele Qualitätsbezeichnungen für Olivenöl. Die Beste ist „Natives Olivenöl extra – Erste Kaltpressung". Hier darf das Pressgut bis höchstens 27 °C schonend gepresst werden. Von raffiniertem Öl und Tresteröl ist abzuraten.

Schwarzkümmelöl

Schwarzkümmel – ***Nigella sativa***
Pflanzenfamilie: Hahnenfußgewächse (Ranunculaceae)
Gewinnung: Kaltpressung aus den Samen
Anwendungsart: Wirkstofföl, innerlich und äußerlich
Haltbarkeit: Etwa ein Jahr
Vorsichtsmaßnahmen: Nicht zur dauerhaften Einnahme geeignet; nicht für trächtige Hündinnen

Die winzigen schwarzen Samenkörner des Schwarzkümmels kennen viele vom türkischen Fladenbrot. Der Name leitet jedoch in die Irre, denn der Schwarzkümmel ist nämlich nicht mit dem Küchengewürz Kümmel verwandt.
Das Schwarzkümmelöl zeichnet sich unter den Pflanzenölen durch die Besonderheit aus, einen hohen Anteil an ätherischem Öl zu enthalten (bis 1 %). Dadurch ist dieses Öl eine naturgegebene Mischung von fettem und ätherischem Öl. Das Geheimnis dieses Pflanzenöls liegt in der kurmäßigen Einnahme als Nahrungsergänzung. Bei allgemeiner Abwehrschwäche wirkt es wie eine Starthilfe für das Immunsystem.
Idealerweise gibt man es einfach zum Futter. Eine zweimonatige Kur mit täglich etwa 2 Teelöffeln (für mittelgroße Hunde) wirkt sich stärkend auf ein geschwächtes Immunsystem aus. In meiner Familie ist es zum Ritual geworden, im Herbst eine Schwarzkümmelölkur zu machen. Sowohl wir Menschen als auch der Hund bekommen die tägliche Ration, um gestärkt in den Winter zu gehen.
Insbesondere bei Beschwerden, von denen die Atemwege betroffen sind, ist eine Schwarzkümmelölkur ein sehr effizientes Mittel, bedingt durch den bronchienerweiternden Inhaltsstoff Nigellon. Neuere Studien stellten außerden eine zeckenabweisende Wirkung fest (Jugend forscht, 2014).

Die Schwarzkümmelblüte hat eine außergewöhnliche Form.

Der Inhaltsstoff Nigellon bewirkt eine starke Erweiterung der Bronchien und somit Erleichterung bei Atembeschwerden. Zu diesem Zweck ist es ratsam, es auch äußerlich aufzutragen.

Manche Hunde reagieren allergisch auf bestimmte Pollen. Dies kann sich nicht nur in Niesanfällen äußern, sondern auch als Juckreiz auf der Haut. Schwarzkümmelöl innerlich und äußerlich angewendet kann deutliche Erleichterung schaffen. Da es stark antihistaminische Eigenschaften aufweist und entzündungshemmend ist, lässt es sich äußerlich gut mit den ätherischen Ölen Teebaum, Manuka, Atlas Zeder, Kamille blau oder Lavendel kombinieren. Dies gilt genauso für Haut- und Pilzerkrankungen.

Achtung!
Schwarzkümmelöl sollte aufgrund der verdauungsanregenden Wirkung trächtigen Hündinnen nicht oral verabreicht werden.

Sheabutter ist ideal für die Hautpflege geeignet.

Sheabutter/Karitébutter

Vitellaria paradoxa
Pflanzenfamilie: Sapotengewächse (Sapotaceae)
Gewinnung: Kaltpressung aus den Sheanüssen
Anwendungsart: Basisfett, äußerlich
Haltbarkeit: Etwa zwei Jahre
Vorsichtsmaßnahmen: Keine

Genau genommen wird Shea (auch: Karité) aufgrund seiner Konsistenz den Fetten zugerechnet. Es ist ein weißgelbliches, festes Fett, meist aufgrund des starken Eigengeruches desodoriert erhältlich.
Das besondere an Sheabutter ist ihr ausgesprochen feuchtigkeitsbindender, nährender Charakter. Allantoin und Vitamin E versorgen spröde, trockene Haut mit Elastizität. Verhornte Haut kann mit Sheabutter aufgeweicht und der Abheilungsprozess beschleunigt werden, deshalb ist sie ideal zur Narbenbehandlung. Meist wird Sheabutter als Grundlage für Pflegeprodukte verarbeitet, kann aber auch direkt verwendet werden, z. B. zur Pflege von Liegeschwielen und rauen Pfoten zusammen mit Kakaobutter.

Rezeptidee

Balsam bei entzündeten oder blutenden Pfotenballen (0,5 %)
100 ml Basisrezept (Pfoten-)Balsam mit Calophyllumöl
5 Tropfen Cistrose 10:90
5 Tropfen Manuka
Den Balsam bei niedriger Temperatur schmelzen, vom Herd nehmen und dann die ätherischen Öle hinzugeben und umrühren. Noch in flüssigem Zustand in Tiegel abfüllen. Haltbarkeit etwa sechs Monate.

Anhang

Glossar

Absolue: Ergebnis der Gewinnung von ätherischen Ölen mittels Lösungsmittelextraktion
adstringierend: zusammenziehend z. B. in Bezug auf Haut und Schleimhäute
Agrumen: Zitrusöle, ätherische Essenzen aus den Schalen von Zitrusfrüchten
analgetisch: schmerzlindernd
Antidot: die Wirksamkeit von (homöopathischen) Arzneien abschwächend
antiseptisch: keimtötend
antibakteriell: wirkt gegen Bakterien
antihistaminisch: wirkt gegen die Ausschüttung der körpereigenen Substanz Histamin
antikoagulativ: die Verklumpung des Blutes verhindernd
antimykotisch: pilzhemmend
antiphlogistisch: entzündungshemmend
Biodynamischer Anbau: Landwirtschaft unter anthroposophischen Grundsätzen; geschütztes Markenzeichen ist Demeter
desodorieren: Geruch beseitigen
diffundieren: sich vermischen, in etwas eindringen
Emulgator: Hilfsstoff, um nicht mischbare Stoffe vermischen zu können, z. B. Öl und Wasser
epithelisierend: das Zellwachstum der Haut fördernd
expektorativ: auswurffördernd in Bezug auf die Atemwege
fungizid: pilzabtötend
Glaukom: Grüner Star, erhöhter Augeninnendruck, kontraindiziert bei citralreichen Ölen wie z. B. Zitronella, Lemongrass, Melisse, *Eucalyptus staigeriana*
Hämatom: Bluterguss, blauer Fleck
hydrophil: Wasser liebend (löslich), Fett abstoßend
hyperämisierend: durchblutungssteigernd
immunmodulatorisch: Beeinflussung des Immunsystems
insektifug: Insekten vertreibend
insektizid: Insekten abtötend
kbA (= kontrolliert biologischer Anbau): Landwirtschaft ohne künstliche Düngemittel, Pestizide oder Herbizide
lipophil: Fett liebend (löslich), Wasser abstoßend
Mastitis: Gesäugeentzündung
mukolytisch: schleimlösend in den Atemwegen
nasal: durch die Nase
olfaktorisch: den Geruchsinn betreffend
oral: Zugehörigkeit zum Mund
oxidieren: mit Sauerstoff reagieren
Pericarpium: Fruchtschale
perkutan: Aufnahmeweg durch die Haut
Phagozytose: Beseitigung und Reinigung von beschädigtem Gewebe durch Fresszellen
Photosensibilisierung, Phototoxizität: Haut reagiert empfindlicher auf UV-Strahlung
Resinoid: ätherische Extrakte, die aus Harzen gewonnen werden, wie z. B. Weihrauch
Resorption: Aufnahme eines Stoffes in den Körper z. B. über die Haut
sedativ: beruhigend
spasmolytisch: entkrampfend, krampflösend
synergistisch: positives Zusammenwirken zweier oder mehrerer Substanzen
Tensid: Waschsubstanz
topisch: äußerlich, auf eine bestimmte Region der Haut

Eingeschränkte Anwendung von ätherischen Ölen bei Hunden

Ätherische Öle, die für trächtige oder säugende Hündinnen nicht verwendet werden sollten:
Anis, Basilikum, Cassiazimt, Estragon, Fenchel, Gewürznelke, Ingwer, Kampfer, Koriander, Muskatellersalbei, Muskat, Pfeffer, Pfefferminze, Piment, Rosmarin, Salbei, Schafgarbe, Schopflavendel, Speiklavendel, Thymian, Wacholder, Zimt

Ätherische Öle, die bei sehr kurz geschorenen weißhaarigen Hunden oder Nackthunden bei vermehrter Sonnenbestrahlung nur sehr gering dosiert (< 0,5 %) verwendet werden sollten:
Angelikawurzel, Johanniskraut (ätherisches Öl und Mazerat), Kreuzkümmel, alle Zitrusöle (besonders Bergamotte)

Ätherische Öle, die bei Hunden, die an Glaukom (= Grüner Star) erkrankt sind, nicht verwendet werden sollten:
Eucalyptus staigeriana, Eucalyptus citriodora, Zitronengras, Litsea cubeba, Melisse, Zitronella, Zitronenverbene

Folgende ätherischen Öle sollten bei Hunden grundsätzlich nicht angewendet werden:
Beifuß, Birke, Bohnenkraut, Fenchel bitter, Gewürznelkenblätter, Kalmus, Kampfer, Knoblauch, Oregano, Pennyroyal (Flohminze), Petersilie, Rainfarn, Raute, Schopflavendel, Thymian Ct. Carvacrol und Thymol, Thuje, Wintergrün, Wermut, Ysop und viele „exotische" mehr …

Alle nicht angeführten ätherischen Öle sollten nur in Absprache mit erfahrenen Aromatherapeuten oder Tierärzten angewendet werden!

Nützliche Adressen

aromainfo – Akademie, Netzwerk, Information zu Aromatherapie, Ingrid Karner
www.aromainfo.at
AIDA – Aromatherapy International Eliane Zimmermann
www.aromapraxis.de
Arven – Schule für Heilpflanzenkunde, Aromatherapie und Wildniswissen, Susanne Fischer-Rizzi
www.susanne-fischer-rizzi.de
Arte Verde – Ätherische Öle, Hydrolate und mehr
www.arteverde.at
DogWell – Informationen und Workshops rund um Hunde-Aromatherapie, Bachblüten und Hundepflege
www.dogwell.at
Dufter Hund – Shop für Hunde-Aromatherapie, Bachblüten und natürliche Hundepflegeprodukte
www.dufterhund.net
Duftgefährten – Blog Hunde-Aromaexpertin Gabriele Sievers
https://duftgefaehrten.jimdo.com
Feeling – Ätherische Öle, Hydrolate, Pflanzenöle, Naturkosmetik
www.feeling.at
Farfalla – Ätherische Öle, Pflanzenöle, Naturkosmetik
www.farfalla.eu
Forum Essenzia – gemeinnütziger Verein für die Förderung, den Schutz und die Verbreitung von Aromatherapie, Aromapflege und Aromakultur
www.forum-essenzia.org
Maienfelser Naturkosmetik Manufaktur – Ätherische Öle, Hydrolate, Pflanzenöle, Naturkosmetik
www.maienfelser-naturkosmetik.de
Primavera – Ätherische Öle, Pflanzenöle, Naturkosmetik
www.primaveralife.com
VagA – Vereinigung für Aromapflege und gewerbliche Aromapraktiker/innen
www.aromapraktiker.eu

Literatur

Achner, Heike: **Hausapotheke für Hunde**. Die besten Heilmittel zur Selbstbehandlung. Kosmos 2010.

Becvar, Wolfang: **Naturheilkunde für Hunde**. Kosmos 1994.

Blümchen, Katrin: **Hundemassage**. Blümchen Verlag 2003.

Blümchen, Katrin: **Das Wohlfühlbuch für Hunde – **Wellness und Entspannung jeden Tag. Cadmos 2009

Braunschweig, Ruth von: **Pflanzenöle**. Qualität, Anwendung und Wirkung. 3. Auflage, Stadelmann Verlag 2010.

Budras, Klaus-Dieter, Fricke, Wolfgang und Richter, Renate: **Atlas der Anatomie des Hundes**. Lehrbuch für Tierärzte und Studierende. 7. überarb. Aufl., Schlütersche Verlagsgesellschaft 2004.

Buchbauer, Gerhard, Steflitsch, Wolfgang und Wolz, Dieter (Hrsg.): **Aromatherapie in Wissenschaft und Praxis**. 1. Auflage, Stadelmann Verlag 2013.

Bucksch, Martin: **Hautkrankheiten beim Hund**. Ulmer 2010.

Catty, Suzanne: **Hydrosols**. The next Aromatherapy. Healing Arts Press 2001.

Fischer-Rizzi, Susanne: **Himmlische Düfte**. Das große Buch der Aromatherapie. 25. Auflage AT Verlag 2011.

Furck, Valeska: **HD – Was nun?** Hüftgelenksdysplasie vorbeugen, erkennen und behandeln. Cadmos 2005.

Grosjean, Nelly: **Veterinary Aromatherapy**. Saffron Walden 1996.

Hand, Marlies; Liesel Baumgart: **Schüßler-Salze für Hunde**. Selbsthilfe kurz und einfach. Oertel+Spörer 2009.

Hartmann, Michael: **Patient Hund**. Krankheiten vorbeugen, erkennen, behandeln. Oertel+Spörer 2010.

Hatt, Hanns; Regine Dee: **Das Maiglöckchen-Phänomen**. Alles über das Riechen und wie es unser Leben bestimmt. 5. Auflage, Piper 2010.

Huck, Klaus: **Der Bach-Blüten Leitfaden**. 14. Auflage, FloraCura 2011.

Ingraham, Caroline: **The Animal Aromatics Workbook**. 2006.

Jugend forscht. www.jugend-forscht-bayern.de

Karner, Ingrid. **Unterlagen Lehrgang zum diplomierten Aromapraktiker mit ärztlicher Prüfung**. 5. Auflage 2010.

Kleindienst-John, Ingrid: **Hydrolate**. Sanfte Heilkräfte aus Pflanzenwasser. Freya 2012.

Klever, Ulrich: **Hunde**. Hundehaltung mit Herz und Verstand. Gräfe und Unzer 2001.

Kolbe, Katrin und Lehari, Gabriele: **Nasenarbeit – Rettungshundeausbildung**. Oertel+Spörer 2013.

Krenz, Michaela: **Aloe Vera**. Mehr Gesundheit und Vitalität für Tiere. LebensBaum Verlag 2003.

Leigh Bell, Kristen: **Holistic Aromatherapy for Animals**. Findhorn Press 2002.

Mähr, Julia und Zerlauth, Thomas: **a magical feeling**. Bucher Verlag Hohenems 2006.

Malle, Bettina und Schmickl, Helge: **Ätherische Öle selbst herstellen**. 3. Aufl., Verlag Die Werkstatt 2009.

Milford, Francine: **Aroma Care – Pet Aromatherapy**. 2000.

Mielke, Kerstin: **Die Anatomie des Hundes**. Cadmos 2007.

Mühlbauer, Brunhilde: **Hunde richtig massieren**. Cadmos 2001/2004.

Narath, Elke: **Massage für Hunde**. Kosmos 2004.

Pawletko, Petra: **Phytotherapie für Tiere**. Oertel+Spörer 2014.

Pohl, Sabine: **Das Ölbuch**. Pflanzenöle kompakt erklärt. 3. Auflage 2007.

Quast, Carolin und Jahn, Anja: **Bach-Blüten für Hund und Katze.** Lernen mit Cartoons. Sonntag 2013.

Rieder, Beate und Wollner, Fred: **Duftführer**. Eine Beschreibung von über 90 ätherischen Ölen, ihrer Wirkung und praktischen Anwendung. Verlag Fred Wollner 1992.

Ruhsam, Kerstin: **Fit mit Pflanzenölen**. in: Dogs Avenue 6/2013. Minerva Verlag.

Ruhsam, Kerstin: **Zerknitterte Hundeseelen.** So kann man mit Bachblüten und Aromatherapie traumatisierten Hunden helfen. in: Dogs Avenue 5/2013, Minerva Verlag.

Ruhsam, Kerstin: **Dufter Trend**. Aromatherapie bei Hunden. in: Dogs Avenue 4/2013 Minerva Verlag.

Ruhsam, Kerstin: **Natürliche Hundepflege**. Trend Natur pur. In: crazy-4dogs 2/2013. Verlag KRENNzgenial.

Ruhsam, Kerstin: **Aromapflege im Winter**. In: spezial for groomer. Das Magazin für Hundefriseure 6/2012.

Ruhsam, Kerstin: **Dosierung und Anwendungsmöglichkeiten von ätherischen Ölen, Hydrolaten und fetten Ölen bei Hunden**. In: VAGA Newsletter 10/2012.

Stead, Christine: **Aroma-Therapie**. Heilen mit ätherischen Ölen. Econ 1990.

Stein, Petra: **Bach-Blüten für Hunde**. Kosmos 1997.

Tayler, David: **Mein großes Hundebuch**. Weltbild 2009.

Verma, Vindo: **Ayurveda für Hunde**. Oertel+Spörer 2013.

Wabner, Dietrich und Beier, Christiane (Hrsg.): **Aromatherapie**. Grundlagen, Wirkprinzipien, Praxis. 2. Aufl. Urban und Fischer 2012.

Warnat, Beate und Kühnau, Dorothee: **Hundephysiotherapie**. Fit und gesund durch Krankengymnastik. Cadmos 2006.

Werner, Monika; Ruth von Braunschweig: **Praxis Aromatherapie**. Grundlagen, Steckbriefe, Indikationen. 2. Auflage, Haug 2009.

Werner, Monika: **Mind-Maps Aromatherapie**. Haug 2011.

Werner, Tina: **Wellness für Hunde**. Massage und Physiotherapie für jeden Tag. Oertel+Spörer, 2010.

Woßlick, Jochen und Sabine: **Hundekrankengymnastik**. Verlag für Hundephysiotherapie, 2. Auflage 2004.

Zimmermann, Eliane: **Aromatherapie**. Die Heilkraft ätherischer Pflanzenöle. Irisiana 2008.

Zimmermann, Eliane: **Aromatherapie für Pflege- und Heilberufe**. 4. Auflage, Sonntag 2008.

Register